화학의 역사

첫단추 시리즈

화학의 역사

윌리엄 H. 브록 지음
김병민 옮김

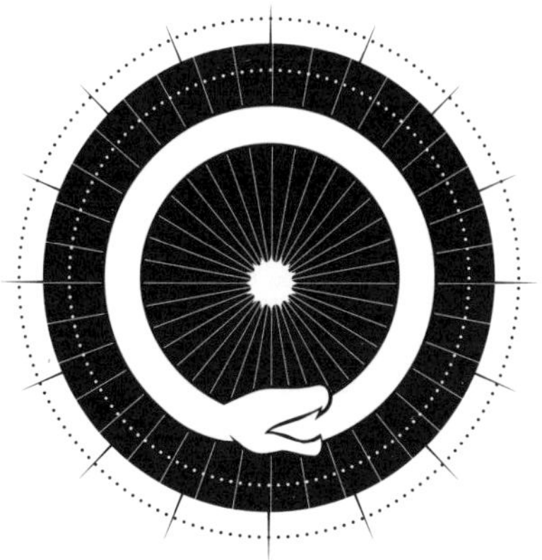

교유서가

일러두기

미주는 모두 옮긴이 주(註)이다.

차례

개요

Wer sie nicht kennte

Die Elemente,

Ihre Kraft und Eigenschaft,

Wäre kein Meister

Über die Geister

〔원소들이 가진 성질과 힘을 알지 못하는 사람은 결코 영혼을 지배할 수 없다.〕(괴테, 『파우스트』 1부, 장면 III)

화학은 항상 물질의 과학이었고 변화와 변형을 통해 새로운 물질을 창조하는 과학기술이었다. 최근 통계에 따르면, 현재 화학자라고 자처하는 사람들이 전 세계에 3백만 명 이상

있으며, 이들은 연간 75만 건이 넘는 연구 논문을 발표하고 있다. 이 논문들의 대부분은 새로운 물질의 합성 방법과 특성을 보고하고 있다. 지난 1800년대에는 화학계에 알려진 원소와 화합물이 단지 몇백 개에 불과했다. 그런데 오늘날에는 알려진 화합물 수가 약 7천 1백만 이상이다. 현재 지구에 존재하는 대략 70억 인구 백 명당 대략 한 개 꼴로 물질의 정체가 밝혀진 셈이다.

고작 백여 개의 원소들로 이루어진 이런 수많은 물질 중에 자연에 실존하는 종의 수는 아주 적다. 반면에 대부분 물질은 역사의 특정 시공간에 존재했던 화학자들이 실험 기법과 이론적 통찰을 발전시켜 분리, 생성, 연구하며 등장했고, 다양한 언어의 출판물로 기록되었다. 그런 화학물질 중에 세상에 유용하다고 판명된 것만이 영구적으로 남았다. 나머지 물질은 역사 속에서 인류의 상상 속 호기심으로만 남아 있게 되었다. 그러나 훗날 분자간의 구성과 구조 그리고 상호 관계를 알고 있는 화학자들에 의해 심오한 과학기술적 지식의 관심 대상이 되면 그 물질은 언제든 다시 불려와 인류 앞에 등장할 수 있다.

1834년 영국의 학자인 윌리엄 휴얼(William Whewell)이 '과학자'라는 용어를 처음 만들었다. 그전까지는 자연 세계의 연구에 자신의 생애 전부 혹은 그 일부를 바친 사람들을 '자연철학자'로 불렀다. 그런데 17세기에 이르러 학문의 전문화가 시작되었고 자연철학은 자연이라는 대상을 보다 수학적이고 정량적으로 이해하려는 경향이 두드러졌다. 이때부터 동식물의 연구에 참여한 사람들은 자연사 연구에 '종사'한다고 했고, 다양한 물질의 특성과 반응을 연구하고 이를 통해 인류에게 좀 더 나은 환경을 만들기 위해 노력하는 사람들을 '화학자'로 일컬었다.

지식과 기능 훈련의 주도권에 따라 여러 과학 분야는 자주 그 경계를 바꿔왔다. 특히 1840년대 이전에는 훗날 실험물리학으로 알려진 분야들을 포함했던 화학에서 이런 경향이 두드러지게 나타났다. 19세기에 들어서 대학의 학과나 학술지, 전문 학회들이 등장하며 과학이 집단적 전문직으로 정체성을 형성했듯 각 학문 분야도 상당히 뚜렷한 경계를 갖추었으나 화학은 여전히 독립된 분야가 되지 못했다. 기실, 우리는 21세기를 살면서도 법제사 학자들로부터 화학을 별개의 학문으로 다루는 것이 아직도 의미가 있는지에 대한 질문을 여전히 받고 있다. 이렇게 된 것은 물질에 대한 연구가 수학자, 물리학자, 생물학자는 물론 공학자들까지도 참여하는 공동 연구와 교육으로 여러 분야에 걸쳐 있기 때문이다.

그 방대함에도 불구하고 이런 짧은 소개의 책으로 화학의 역사에 대해 설명해야 하는 입장에서 나는 1861년 독일의 유기화학자인 프리드리히 케쿨레(Friedrich Kekulé, 1829-96)가 꺼낸 화학의 정의를 인용할까 한다. 그는 '화학은 물질들의 성분 변화를 연구하는 학문이다.'라고 말했다. 기독교 선교사들이 처음으로 서양 교과서를 중국어로 번역하기 시작했던 1870년대 당시, 그들은 화학을 뜻하는 고유한 용어가 필요했다. 그들은 단어 그대로 '변화에 대한 연구'를 의미하는 hua-hsiieh(化学, huàxué)라는 단어를 만들었다. 화학은 변화에 관한 것이기 때문에 이 용어는 상당히 합리적으로 만들어진 신조어였다. 비단 중국의 사례만이 아니었다. 심지어 당시 미국 화학사 학자 로버트 지그프리드(Robert Sigfried)가 아래와 같이 적었듯이, 화학적 변화에는 마법 같은 것이 존재한다고 여겨졌다.

'형체는 사라지고 그 대신 다른 특성을 가진 새로운 형체가 나타난다. 무색 투명한 액체에 금속 조각을 넣으면 금속이 사라지고 액체는 파란색으로 변한다. 하지만 이런 직접적인 관찰만으로는 그 원인에 대한 설명이 불가하다.'

이 책은 이런 변화의 원인이 어떻게 밝혀졌는지, 새로운 변화가 어떤 식으로 발견되었고 연구되었으며 세상에 어떻게 이용되었는지를 설명한다.

제 1 장

물질의 본성에 관하여

우리는 교육 과정의 초기에서 석기, 청동기, 철기시대라는 지질학적 시대 측면으로 인류의 역사를 배운다. 이는 덴마크의 고고학자 크리스티안 톰센(Christian Thomsen)이 1836년에 최초로 소개한 관점이다. 하지만, 이러한 시대 구분 용어와 화학의 발전 사이의 연관성은 그다지 뚜렷해 보이지 않는다.

언뜻 보기에, '석기시대'라는 용어는 화학적인 어떤 것도 암시하는 것 같지 않다. 하지만, 조금 더 생각해보면 이 용어는 단지 약 200만 년 전에 돌을 변형시켜 도구와 건물을 만들었다는 것을 의미할 뿐만 아니라, 광물이라는 다른 종류의 물질이 존재한다는 사실과 그 물질이 지닌 여러 성질을 인류가 인식하고 있다는 사실을 보여준다. 분명 화학은 문명의 출현에 도움을 주었다. 가령 라스코 동굴이나 그 외 여러 장소에서 볼 수 있는 구석기시대 그림은 석기시대 사람들이 자신이 그린 동물의 형상에 색을 입히는 데 쓸 안료를 마련할 수 있었다는 사실을 보여준다(기원전 12,000-8,000년). 그리고 이 사실은 훗날 사회가 발전해 농경시대로 진입할 무렵, 천과 의복에 색을 내기 위해 광물과 식물로부터 천연 염료를 추출하게 된 작은 출발점이었을 것이다.

청동기나 구리시대가 도래했을 때, 구리와 아연을 생산하기 위해 광물을 다루는 방법이 개발되었다. 광업과 큐펠레이션(산화에 의한 광석의 납 제거)에 대한 고고학적 증거는 광범위하게 찾아볼 수 있다. 한편, 야금 현장의 음식 잔존물을 분석한 결과는 초기 야금학자들이 고기와 생선으로 요리된 풍성한 식단을 즐겼다는 것을 말해준다. 이 사실은 무용지물처럼 보이는 돌덩어리를 가치 있는 금속으로 변형시키는 그들의 능력이 당시 사회의 동경과 존경의 대상이었다는 점을 시사한다. 철광석의 발견과 함께 지속적으로 발전해온 야금 기술 공법은 철기시대 사람에게 동물 사냥과 도살 행위를 쉽게 할 수 있는 무기를 생산하는 능력을 선사했다.

고고화학(考古化學)은 야금 활동이 행해진 현장을 탐사하기 위해 산업고고학의 기법들을 분석화학과 결합했다. 18세기의 화학자들은 고대 유리제품과 그 밖의 유물들에 대한 연구 분야를 개척했다. 하지만, 분석을 위해서는 큰 표본이 필요했기 때문에 고고학자들은 유물이 파괴되는 것을 우려하여 대규모로 진행하는 분석 작업을 꺼렸다. 표본을 손상하는 것에 대한 이러한 거부감은 1960년대 이후부터 극적으로 바뀌었다. 새로운 분석 기기 기술들이 등장했고 측정하고자 하는 대상의 물질에서 극히 작은 표본을 채취하고도 분석이 가능해졌기 때문이다.

수공업으로 행해진 과학

이집트 그리고 페르시아와 메소포타미아의 옛 영토에서 발굴된 유물은 약 5천 년 전부터 존재했던 그들의 앞선 문명이 화학물질을 식별하고 이용했다는 사실을 알려준다. 가령, 말라버린 호수나 나일강의 증발로 인해 일반적인 염분의 불순물 형태로 추출된 **나트론(소다석)**은 시체 방부 처리나 음식 보존에 사용되었다. 향수 제조법의 경우 수천 년 동안 거의 변함이 없었다. 향수의 기본 재료로는 항상 점도가 있는 당알코올인 글리세롤(Glycerol)이 사용되어왔다. 『플리니우스의 자연사*Pliny's Natural History*』(서기 1세기)라는 책을 통해 염전의 가혹한 환경에서도 자랄 수 있는 해조류(Dunaliella salina)를 제품에 이용한 것을 포함하는 광범위한 기술이 로마에 있었다는 사실을 알 수 있다. 로마의 학자 플리니우스와 다른 학자들은 이것을 *Flos salis* 또는 '소금 꽃'으로 불렀다. 이 벽돌색 호염성 생물의 세포는 글리세롤과 베타-카로틴(비타민 A의 전구체)을 함유하고 있다. 이런 가치 있는 두 종류의 물질 모두 로마시대에서 얻었던 방식과 마찬가지로 향수의 색을 만드는 기초 재료로서 오늘날에도 인류는 여전히 해조류로부터 이들을 추출한다.

우리는 인류가 언제부터 대지에 내리치는 번개로부터 불을 처음 이용했는지 모른다. 그리고 어떤 재료를 익히거나 가열할 목적으로 그 불을 재현하기 위해 나무에 불을 붙이는 방법을 언제부터 알았는지도 확신할 수 없다. 하지만 불을 이용하는 것은 확실히 도자기와 장신구류에 사용된 유리를 만들고 금속을 추출하기 위한 필수적 선결 조건이었다. 나무와 덤불은 다 타고 나면 숯이라는 검게 탄 덩어리를 남기는데, 그 숯과 함께 연소된 암석과 돌 그리고 광물에서 금속이 녹아 나온다는 것이 밝혀졌다. 고고학자들은 약 23만 년 전의 유적지에서 화로를 발견했다. 그 발견은 다양한 인종들이 불을 만들고, 통제하고, 전파하는 방법을 알고 있었다는 사실을 암시한다. 불을 통제한다는 것은 인간에게 온기를 제공하고, 활동 시간을 늘렸다는 의미다. 동시에 이주와 이동 생활양식을 가능하게 했으며, 고기와 채소를 가공함으로써 인류의 식생활과 건강 그리고 수명을 향상시켰다. 기원전 약 8,000년경에 살았던 인류가 생화학적 발효 과정을 이용해 다양한 곡물로 빵을 굽고 맥주와 와인을 만들었다는 고고학적 증거는 풍부하게 널려 존재한다.

불과 온도를 조절할 수 있는 능력은 최초의 화학적 기법들로 이어졌다. 즉, 불붙은 점토와 첨가제(모래, 석회석 등), 금속, 유리, 역청으로부터 도자기를 생산하는 것이다. 메소포타미아에서 지상으로 노출된 역청의 존재는 초기 형태의 아스팔트 탄생으로 이어졌는데, 자연적으로 발견된 타르와 석회석, 모래, 그리고 자갈을 섞어서 만들었다. 당시 아스팔트는 주택과 선박 건조에 사용되는 방수제와 회반죽에 효과가 있는 것으로 알려졌다. 또다른 초기 화학 기술은 석고나 석회암으로부터 석고 반죽을 생산하는 것인데, 이 석고 반죽은 커다란 건축용 벽돌을 만드는 데 사용되었다.

유리와 염료

유리는 소다수를 이용해 석영석을 반질거리게 만들기 시작하며 점차 발전한 것으로 보인다. 이와 같은 유리 석판('이집트의 유약을 바른 채색 도기')은 기원전 약 4천 년 이후의 유적지에서 발견된다. 이런 유물로부터 시작해 기원전 약 2,500년경부터 (불순물인 철염이 포함된) 모래와 석회, 소다를 재료로 사용하고 열을 이용해 만드는, 진짜 유리가 개발되었다. 기원전 6세기에 이르러 유리를 녹이는 가공 과정에 안티모니(Sb) 광석이 첨가되었다. 유리에 함유된 철(Fe) 성분 때문에 생기는 유리의 옅은 녹빛을 제거하기 위해서였다. 당시 사람들은 안티모니가 효과가 있다는 것을 어떻게 알았을까? '저것을 넣고 이 물질을 가열할 때 어떤 일이 일어나는지 봅시다'—이런 식의 실험으로 학생들이 자주 겪는 시행착오처럼 발전한 과정의 결과였음을 명백히 보여준다. 응용화학(오늘날의 화학공학)은 인류만큼 오래되었을 뿐만 아니라 화학이라는 과학 학문 분야가 등장하기 훨씬 이전부터 행해진 정교한 기술이었다.

유리는 고대 기술자들에게 골치 아픈 물질임이 틀림없었다. 그들은 이런 질문을 했을 것이다. '열을 가했을 때 잘 늘어나니 이것은 금속일까?' 고대 그리스 역사가인 헤로도토스(Herodotus)는 이것을 '녹은 돌'이나 열에 의해 굳어진 물이라고 불렀다. 모래와 알칼리 물질, 그리고 다양한 산화물 같은 이질적인 물질로부터 만들어진다는 점이나 색을 띠는 놀라운 특성으로 인해 '물질의 변화'라는 개념이 처음으로 제시되었을 수도 있을 것이다. 그런데, 만약 유리가 귀한 돌로 변할 수 있는 물질이라면, 일반적으로 변화되었던 금속과는 차이가 있어야 하는 것이 아닐까?

고대 이집트인들 사이에서 유리 제조는 파라오의 직접적인 통제하에 있었고 성스러운 직업으로 여겨졌다. 사실상 금도 아닌 유리가 가장 고귀한 물질로 추앙된 셈이다. 하지만, 유리가 아무리 인공 장신구류를 만들기 위해 성형되고 색이 입혀졌다 해도, 점토 마우스피스가 달린 속이 빈 갈대를 사용한 유리 불기 기술은 기원전 1세기까지 도입되지 않았을뿐더러, 그 당시 유리는 비커와 접시 정도로만 성형되었다. 훗날 종교적 성지로 묘사되는 여러 지역에서 발전해왔던 유리 공업은 15세기 베네치아에서 유리 제조 장인들이 등장하며 비로소 절정에 이르는 역사를 이어갔다. 유리의 발전은 유약을 바른 도자기 공예로 이어졌고 장식용 착색제를 넣은 광택제가 추가되면서 도자기의 매력과 가치를 높였다.

이런 착색제는 색깔이 있는 돌을 부숴서 얻었을 뿐만 아니라 '합성'물질이라는 용어의 근거가 되는 광석 혼합물의 가열을 통해 얻었다. 예를 들어, 이집트 무덤의 벽화에 광범위하게 사용된 파란색 색소는 칼슘, 구리, 그리고 산화 규소의 화합물이었다. 페르시아와 바빌로니아에서 수집된 증거는 훨씬 더 진보한 염료와 안료가 당시에 존재했음을 알려준다.

착색제는 두드러진 색깔 못지않게 안정한 물질이어야 했기 때문에, 고대에서 가장 중요하게 여겨진 염료는 푸른빛이 감도는 자주색 물질인 로열 퍼플(dibromoindigotin)이었다. 이 염료는 티리안 고둥이라는 연체동물을 양철 용기에 넣고 끓여 추출되었다. 이 물질은 천에 쉽게 흡수되는 '흰색' 형태의 염료로 만들어진다. 염료는 공기 중에서 산화되자마자 푸른색이 완연하게 나타나는 놀라운 변화를 한다. 사실상 유사한 과정이 고대 브리튼의 대청 염료에도 사용된 것으로 보인다. 대청 잎을 으깨고 으깬 것을 뭉쳐 공처럼 둥글게 말아 발효시킨다. 염료는 이런 둥근 공의 형태로 거래되었다. 이것을 따뜻한 물에 담그면 두 번째 발효가 진행되고 남색을 띠는 녹기 쉬운 형태로 바뀌었다. 이 액체에 담근 천을 공기 중에 건조하면 산화되면서 섬유 조직에 불용성 형태의 남색이 고정된다. 옷감을 염색하는 이런 기술은 18세기까지 거의 변하지 않았다.

야금학

이렇게 '제조된' 화학물질을 취급한다는 것은 천연물질들이 지닌 본질과 외형 그리고 성질을 변하게 만드는 능력을 의미하기도 하지만, 이러한 화학적 기술의 초기 사례를 극대로 진보시킨 것은 청동과 철기시대라는 용어가 암시하는 것처럼 암석과 채석장에서 행해진 금속의 추출이었다. 이런 점에서 보면, 제련 공정의 산화와 환원반응에 의해 구리와 철 그리고 주석과 은과 납이라는 일반적인 금속들을 처음으로 추출한 광석들이 금속학 연구의 대상이 되기 전에 (주석을 제외하고) 대부분 안료로 사용되었다는 사실은 중요하다. 가령 비소와 안티모니의 산화물과 황화물(계관석, 석웅황과 휘안석)은 색소로 사용되었다. 하지만 이 금속들 자체는 기원전 13세기는 물론 16세기까지도 광물에서 분리되지 않았다. 철과 구리가 화학적 처리의 대상이 되기 훨씬 전부터 붉은색의 철산화물은 벽 장식에 사용되었고, 구리 광물은 화장품 재료로 사용되었다. 물론, 금과 (금과 은의 합금인) 호박금, 그리고 구리와 같은 많은 금속들이 자연 상태에서 눈에 보이는 덩어리로 존재했지만, 이런 금속들이 널리 이용될 정도로 풍부했던 것은 아니다.

서양에서 초기의 광산업과 야금 활동은 메소포타미아에서 일어났으며, 여기에서 만들어진 금속은 이집트에서 사용되기 위해 거래된 것으로 보인다. 고고학자들은 일반적인 금속들을 효과적으로 제련하기 위해 요구되는 조건들이 어떤 과정으로 완성되었는지는 확신하지 못하지만, 이 조건들은 도자기 제작에 처음 적용된 기술의 결과물일 가능성에 무게를 싣고 있다. 그 증거는 바로 가마였다. 사실, 고대 기술의 공통점을 꼽자면 가마를 들 수 있는데, 가마는 오븐의 역할로 고기를 요리하고 빵을 굽는 두 가지 기능을 모두 할 수 있었을 뿐만 아니라, 도자기 모양으로 성형한 점토를 굳히는 데에도 쓰일 수 있었다. 그리고 가마는 유리를 만들거나 광석에서 금속을 추출하기 위해 열의 흐름을 조절하는 방식으로 개선되었을 것이다. 그리고 이후 더 나은 개선 과정을 거치며 가마는 승화 및 증류기로 개조되었다.

앞으로 살펴보겠지만, 때때로 장치나 기구, 그리고 실험 기법들은 화학적 지식의 진보를 가속화하거나 그것을 새로운 방향으로 추진하는 데에 있어서 중요한 역할을 해왔다. 가마(와 가마를 응용한 기구)는 야금술의 발달과 알코올 및 무기산 물질의 발견을 촉진시켰다는 점에서 화학적 실험 장치와 기구 중 가장 오래된 도구로 여겨질 수 있다.

제조법 관련 문헌

초기 교회 성직자들 중 한 명인 데오도렛(Theodoret of Cyrus)의 설교 중에 '신성한 말씀이 살이 되었다'는 말이 있다. 이런 믿음을 정당화하기 위해 화학의 능력이 소환되었다. 모래는 유리가 되고 포도는 포도주가 되었으며 포도주는 다시 식초가 되었다. 각각의 변화에서 새로운 물질이 등장하고 각기 다른 이름을 얻었으며, 그 변화 단계에서 월등하고 유용한 물질이 만들어졌다.

고대 문명은 7가지 금속(금, 은, 구리, 납, 주석, 철, 수은)과 매우 다양한 '화학물질'에 대한 지식을 가지고 있었으며, 고대인들은 그들의 도자기, 보석, 화장품, 요리, 그리고 무기와 약물과 같은 것에 그들이 알고 있는 화학적 지식들을 적용했다. 현 인류의 지식은 색소, 페인트, 잉크의 제조법을 기록한 바빌로니아 설형문자판과 이집트 파피루스 및 수천 종의 1500년 이전 필사본의 형태를 지닌 문헌적 증거들로부터 근원을 찾을 수 있다.

미국 스미스소니언박물관(Smithsonian Institution museum) 큐레이터인 로버트 멀토프(Robert Multhauf)는 이 주제와 관련해 '에버스 파피루스(papyrus Ebers, 기원전 1550년경)와 현존하는 가장 오래된 그리스 문헌 사이의 약 1,200년이라는 기간 동안 실용화학은 거의 변하지 않은 것으로 보인다'고 결론 내렸다. 그러나 그는 이 말이 발전이 없었다는 것을 의미하지는 않는다고 주석을 달았다. 진보는 그야말로 쉽지 않았고 작은 단계들이 누적되면서 이루어졌다. 이후 인류의 화학적 지식을 연구하며 확신이 든 사실은 고대 화학자들이 실제로 적용했던 무수한 단계와 그중 특히 화학적 공정에서의 열 조절에 능숙해야 했다는 것이다. 금속과 무기염류를 상당히 높은 순도로 추출하거나 적어도 어느 정도는 일정한 성분과 그에 따른 신뢰성을 확보하며 생산해야 했기 때문이다.

서기 약 300년경에 만들어졌으며 소위 스톡홀름 파피루스

(Stockholm papyrus)로 불리는 문헌에 기록된 제조법에는 금에 구리를 첨가해 부피를 증가시킴으로써 금의 가치를 떨어뜨리는 방법을 다루거나 다른 금속을 금처럼 보이게 하기 위해 도금하는 방법과 관련한 내용을 다루는 경향이 있었다. 고대인들은 이런 금이 진짜인지 가짜인지, 아니면 불순물이 있는지를 어떻게 판단했을까? 이집트인들은 적어도 세 가지 검사법을 알고 있었고 이 방법은 중세 후기 서유럽 문화권에서도 보편적으로 사용되었다. 가장 간단한 검사는 검은색 연마제인 시금석을 이용해 검사 대상에 등급을 매기는 방법이다. 시금석에 연마해 얻은 '인공적' 금색 줄무늬를 순수한 금에서 얻은 등급의 색상과 비교했던 것이다. 두번째 검사는 보다 정교하고 시료를 손상하지 않는 방법이었다. 검사 대상과 순수한 금의 중량을 비교하는 것이다. 이 방법은 마치 아르키메데스가 욕조에서 외친 '유레카'를 떠올리게 하지만, 여러 문헌과 생생한 증거는 이 방법이 아르키메데스 시대보다 훨씬 이전에 알려졌다는 것을 보여준다. 세번째가 진정한 화학적 검사로 볼 수 있는데, 바로 불을 이용하는 것이다. 가령 다른 물질이 섞인 금 시료에 충분히 강한 열처리를 했을 경우에는 불순물이 대부분 산화되어 검사 또는 시험에 사용한 도가니를 변색시켰다. 점토 도가니는 최초로 발명된 화학 실험 기구로, 그 기원은 약 6천 년 전까지 거슬러올라간다.

이집트와 그리스의 염색업자, 유리 제작자, 야금학자, 보석 세공사, 그리고 약사 들은 적어도 기원전 4세기부터 금속의 표면을 금색으로 칠하고 착색하는 일에 관여했던 것으로 알려져 있다. 이들 장인(匠人)의 방법 중 일부가 우리에게 전해내려오고 있다. 이런 채색이나 착색 과정은 그 행위가 계획에 그쳤든, 실행에 옮겨졌든, 반드시 속이려 했던 것만은 아니었다. 하지만 이런 과정은 보다 저렴한 합성 물질을 만들려는 현대의 제품 생산 방식과 크게 다를 바 없다. 케임브리지대학교 생화학자이자 중국 연금술을 연구하는 역사가인 조셉 니덤(Joseph Needham)은 이 기술을 '**금의 허구**'라고 묘사했다. 당시에 사기, 가짜, 고의적인 속임수는 충분히 일어날 수 있는 일이었다. 가령 1610년 벤 존슨의 희곡인 〈연금술사The Alchemist〉(1610)처럼 연금술과 관련한 풍부하고 흥미로운 대부분 문헌이 이런 속임수와 인간의 나약함과 탐욕을 그리고 있다.

사물은 왜 모습을 바꿀까?

19세기 물리학자 존 틴들(John Tyndall)은 그의 논문에 어느 정도의 난처함을 표하며 다음과 같이 언급한 적이 있다. 그의 실험실 조수는 장비를 설계하고 다루는 데 매우 능숙하지만,

실험이 성공한 이유나 물리적 현상을 설명하는 것에는 그다지 관심이 없었다는 것이다. 마찬가지로 고대인들의 장인적 기량에도 기초과학은 개입되지 않았던 것으로 보인다. 사실, 18세기까지 거의 모든 '산업적' 혹은 '응용적' 화학은 순전히 '시행착오'였으며 전적으로 경험적 학문이었다. 오늘날 우리는 이것을 공학적인 접근법이라고 부르는데, 이는 사물이 왜 그렇게 작동하는지 설명하기보다는 사물이 작동하는 그 자체를 관찰하는 방법이다.

우리가 필수적으로 여기는 과학적 설명에 대해 당시 장인들이 이처럼 명백하게 무관심한 것처럼 보여도 그들이 수행하고 목격했던 것에 대한 문명적 개념조차 없었다는 것을 의미하지는 않는다. 예를 들어 기원전 8세기로 추정되는 아시리아의 설형문자는 당시 사람들의 의식이 야금학을 수반했다는 것을 암시한다. 이 사실은 일반적인 금속과 고대 천문학자들에게 알려진 7개의 천체 사이의 오랜 역사적 연관성으로 확인된다. 가령 금은 태양이고 은은 달이었으며 철은 화성과 연결하는 식이다. 그것은 또한 초기 인류가 천상의 현상들을 지구에서 벌어진 사건과 관련지었다는 사실을 보여준다. 이러한 '점성술적' 연결들, 그리고 거시적 우주와 미시적 우주 사이에서의 일치와 관련한 보다 보편적인 믿음은 17세기까지 화학의 근본적 일환으로 지속되었다. 그렇지만 기원전 3세기경 지

중해 지역에서 무역으로 부를 거머쥔 극소수의 고독한 사상가들은 미시적 우주인 자연 세계와 그들의 일터에서 장인에 의해 수행되는 현상들 모두에 적용 가능한 사물의 변형과 변화에 대한 적절한 설명을 제시하기 시작했다.

물질에 대한 추측

향수와 유리, 화장품과 도자기를 만들고 청동 제품을 만들거나 금이나 금과 유사한 물건을 제작하는 경험적 기술을 지닌 장인들에게 이론은 그리 필요치 않았다. 하지만 그리스 사상가들은 (지금의 우리가 화학적 변화라고 말하는) 이러한 형태의 변화가 어떤 이유와 방법으로 가능한지 알기를 갈망했다. 왜 금속이나 유리는 색깔 있는 광물과 함께 녹았을 때 모습이 바뀌었을까? 갈레나(불순한 산화 납)를 가열할 때 은 구슬들이 나타나는 이유는 무엇이었을까?

이처럼 장인들에 의해 명백히 사실적이고 완성도가 높았던 변형의 사례들을 지켜보면서 그리스 철학자들은 이러한 현상들을 물이 증발해 공기로 변화하거나 도토리가 참나무로 성장하는 현상과 유사한 진정한 변형으로 여겼다. 즉, 외형만이 아닌 사물의 본질적인 변화로 본 것이다. 그리스인들은 사상가였고, 물질이 무엇인지 자문했다. '어떻게 그리고 왜 사물

외형과 성질에 변화가 일어날까?'

소크라테스 이전의 철학자라고 알려진 초기의 사상가들은 물질의 변화는 환상일 뿐이며 물질은 궁극적으로 단지 한 가지 재료에 불과하다고 말했다. 탈레스(Thales, 기원전 625-547년경)는 질료(質料, Urstoff) 혹은 근원적 재료가 물이라고 제안한 것으로 잘 알려져 있는 인물이다. 다른 철학자들은 공기나 불을 제시하기도 했다. 엠페도클레스(Empedocles, 기원전 494년경)는 흙과 공기 불 그리고 물이라는 네 가지 기본 물질을 꺼냈다. 다른 제안들은 물질은 무한히 쪼개질 수 있다는 것, 또는 물질의 분열은 단지 형태와 크기 그리고 허공에서 빠른 움직임만 다를 뿐 궁극적으로 쪼갤 수 없는 원자들로 수렴된다는 것이었다.

이들 초기 철학자들 중 가장 창의적 인물인 아리스토텔레스(Aristotle, 기원전 384-322년)는 물질이 지닌 감각적인 특성, 그러니까 뜨거움이나 차가움, 축축함이나 건조함을 강조하였고, 엠페도클레스의 4원소설에 이러한 성질을 덧붙였다. (그림 1 참조) 그의 학설에서 모든 원소는 변화했다. 가령 물은 분명 차갑고 축축하지만 가열되면 뜨겁고 건조한 성질을 가진 공기로 변했다. 네 가지 원소들과 그 성질들이 인간 세상에서 볼 수 있는 금속과 광물, 식물의 구성을 이룬다는 것이다. 수 세기 동안 이 네 종류 원소는 모든 물질의 근원으로 여겨졌고,

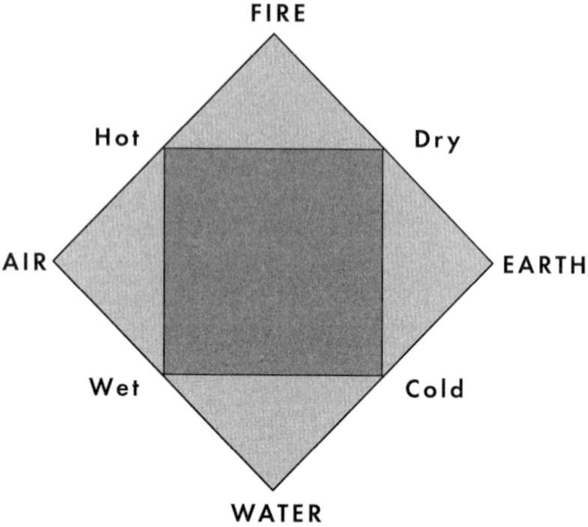

1. 4원소들과 그 성질.

심지어 오늘날까지도 알칼리 금속(alkaline earths), 희토류 산화물(rare earths), 신선하고 순수한 공기(fresh (pure) air), 인화성 기체(inflammable air), 질산(*aqua fortis*), 왕수(*aqua regis*)와 같은 화학 용어에 내포되어 남아 있다.

아리스토텔레스의 화학

아리스토텔레스 철학자들의 시대에는 어떤 금속이 다른 금속으로 바뀔 수 있는 것은 지금까지와는 다른 보다 근본적이고 형체가 없으며 근원적 물질로 구별되는 형상들과 특성(질료)들이 금속 간에 전해졌기 때문이라며 이론적으로 주장을 뒷받침했다. 후대의 철학자들은 이것을 **질료형상**(質料形相)설로 불렀다.

아리스토텔레스의 이런 분류와 물질 이론은 그의 스승인 플라톤(Plato, 기원전 427-348년)의 이론과 개념을 거의 말살시켰다. 플라톤은 그의 저서 『티마이오스*Timaeus*』에서 삼각형과 다면체를 기반으로 입체 구조적이고 수학적인 물질 모델을 가정한 바 있다. 플라톤의 이론 역시 관찰이 가능한 물질의 모양과 질감에 기반한 감각적 모델이었고 어쩌면 다른 원소설보다 과학기술적 근거를 바탕에 깔고 있었다. 하지만, 이런 구조적인 미립자나 원자적 가정은 보다 강력했던 아리스토텔레스의 모델에 압도당했고 중세 후기가 되어서야 서유럽에 다시 등장할 수 있었다.

아리스토텔레스 모델이 플라톤만큼이나 영향력이 있었던 점은 물질 변화의 원인에 대한 분석이었다. 원인설은 4가지인데, 첫째는 특정 사물의 존재 목적은 무엇인가(목적인目的因)이며, 둘째는 무엇이 사물의 특정한 모양, 외양, 그리고 속성을 가지게 하는가(형상인形相因)이다. 셋째는 사물은 무엇으로부터 만들어지는가(질료인質料因)이고 마지막은 무엇이 사물이 가진 속성을 표출하게 하는가(동력인動力因)이다. 가령, 금속의 경우 목적인은 건축과 같은 용도에 있을 수 있고, 금속의 형태나 속성은 원래 금속이 지닌 독특한 특성들으로부터 파생되며 주어진 것이었다. 금속 재료의 본질은 흙과 물의 합성에 의한 것이며, 금속의 동력인은 오랜 시간 흙속에 갇혀 건조한 연기와 습한 증기의 결합으로 이루어진 성장에서 찾을 수 있다. 다른 비금속 광물들 역시 두 종류의 방출물이 가진 상대적 양에 따라 같은 과정으로 형성되었다. 이런 방식의 해석은 후기 아랍 화학자들에 의해 황과 수은의 합성 모델로 전개되었다.

연금술

연금술과 관련해 남아 있는 그리스 문헌 중 가장 오래된 것은 『자연의 비밀에 대하여*Of natural and hidden things*』(*Physika kai Mystika*)이다. 이 문헌에서 우리는 금을 제작하는 위대한 작업(chrysopoeia)이 네 단계의 실험 과정으로 나뉘어 있었다는 것을 처음 발견했다. 각 과정은 금을 검게(nigredo), 희게(albedo) 노랗게(citrinatus) 또는 붉게(rubedo) 만드는 것이었다. 작자 미상의 이 저서는 일반적으로 원자론을 주장했던 데모크리토스(Democritus)의 작품으로 여겨지고 있다. 여기에서 물질의 변화는 주로 건조 방식을 통해 이루어졌는데, 바로 불을 사용한 것이었다.

유럽에서 지금까지도 사용하고 있는 중탕냄비 혹은 뱅마리(bain marie)라 불리는 이중냄비는 마리(Mary)라는 여성 유대인 연금술사가 개발한 것으로 알려진다. 이 사실은 헬레니즘 연금술사들 중 가장 권위 있었던 파노폴리스 출신의 조시무스(Zosimus, 서기 300년)의 기록을 근거로 한다. 우리는 마리가 어디에서 살았는지, 언제 활동했는지에 대해서는 아는 것이 전혀 없다. 하지만 기록에서 신이 그녀에게 자연의 비밀을 직접 계시했고 그 비밀이 '아브라함의 후손'이 아닌 사람들에게 전해져서는 안 된다는 그녀의 언급이 있었던 것으로 추측건대, 그녀가 유대인이었다는 사실은 충분히 확인할 수 있다.

조시무스는 그녀의 원고 중 '보일러와 기구에 대하여'라는 제목의 한 원고를 광범위하게 인용했다. 그리고 이 문헌으로부터 '금을 녹이는 가장 유해한 금속이자 죽음의 독'이라고 묘사된 수은과 같은 다양한 물질을 승화하고 증류하기 위해 그녀가 유리, 점토, 금속을 재료로 약 80여 개의 기구를 직접 만들어 사용했다는 것을 알 수 있었다. 그녀가 만든 기구 중에서 의심할 여지 없이 조리 도구에서 나왔다고 보여지는 기구가 바로 이 이중냄비였다. 이 냄비의 바깥쪽은 물로 채워져 불에 가열되는 반면, 안쪽 그릇은 온열로 다루어야 할 재료들을 담도록 이중으로 만들어졌다.

리비히(Justus von Liebig, 1803-73)가 19세기에 만들었던 액체 농축기도 그러했듯이, 이 중탕냄비도 이전부터 수 세기 동안 사용되어왔을 가능성이 있다. 또한 이 이중냄비에 그녀의 이름이 영원히 박제된 것은 그녀의 저서가 명성과 명망을 얻었기 때문일 것이다. 이런 연관성이 사실이든 아니든, 다양한 형태의 증류기에 대한 설명을 수록하고 있는 그녀의 기구들에 관한 저서는 이후 아랍의 연금술사들과 그들을 통해 유럽에서 행해진 실용적 연금술에 영향을 끼쳤다.

조시무스를 비롯한 다른 그리스 연금술사들은 마리가 만든 수많은 연금술 기법을 수집했다. 그 내용 중에는 화학의 직접적인 변화를 촉발했을지도 모르는 신비로운 씨앗으로 불렸던

'철학자의 돌'에 대한 제조 비법도 있었을 것이다. 제조법에 적힌 지침들은 분명히 열이나 증류를 다루는 방식의 실제 화학적 조작들에 기반하고 있지만, 문헌은 그 이전부터 금속과 인간, 물질과 정신 사이의 유사성을 이해하는 데에 기반을 둔 은유적 언어로 작성되었다.

화학의 언어

고대 화학자(연금술사)는 분명 기구와 조작 기법의 대부분을 장인과 기술자, 금속 기술자, 약사 들이 개발하고 사용했던 열처리, 조리, 승화 및 증류 기술과 설비에서 가져왔고, 이 기술들은 후대의 화학자들에게도 유용하게 사용되었다.

한편 연금술은 예술 분야에나 사용할 법한 기호화된 언어의 개념을 후대 화학에 제공했다. 하지만 기호화하며 동일한 대상에 여러 종류의 유사어를 사용함으로써 오히려 충분한 지식이 없는 사람들에게 물질의 개념을 모호하게 만들었을 뿐만 아니라 상징적 암시의 정도를 크게 증가시켰다. 이는 결국 후대의 독자들과 해독가들에게 심한 혼란을 야기했다. 가령 그리스시대의 한 연금술 어휘 사전을 보면, 수은은 '용의 씨앗'이나 '이슬', '검은 소의 젖', 혹은 '스키타니의 물', '은의 물', '달의 물', '강물', '신성한 물' 등으로 표현되었다. 한 페르시아어로 된 문헌에서는 철학자의 돌과 관련해 50개 이상의 동의어를 열거하기도 한다.

한편 동일한 동의어가 다른 물질에도 사용되었다는 점까지 고려하면, 이런 시적 언어 사용이 야기한 혼동으로 인해 후대 역사가들만큼이나 당시 연금술 종사자들 스스로도 분명히 혼란스러웠을 것이다. 예를 들어, 아이작 뉴턴(Isaac Newton, 1642-1727)은 당시 연금술의 언어와 그 은유적 표현을 이해하고자 화학 사전(index chemicus)을 만드는 데만 수년을 허비했다. 왜 용어를 비밀에 부치고 혼란스럽게 만들었을까? 화학은 17세기까지만 해도 여전히 대중적 과학이 아니었다. 상품 교역이 가능했던 당시에, 잠재적 현금 가치를 지니는 의약품 생산이나 화학적 절차를 수행하는 방법이 비밀에 부쳐지거나 전문가들 사이에서만 공유된 것은 특허 제도가 부재하는 상황에서 나름의 최선책이었음을 이해해야 한다. 게다가, 행여라도 금을 만드는 것이 가능해지기라도 하면 국가 경제에 위협이 되거나 일부 종교 광신자들이 신봉했던 것처럼 새로운 천년을 여는 열쇠로 사용될 수도 있었다.

역사가들은 점점 이런 보편적인 물질에 붙여진 독특한 설명과 다양한 언어로 숨겨진 이름들(학자들은 이런 이름들을 *Decknamen*이라고 통칭했다)로 채워진 연금술의 애매한 문헌을 이해하는 데 능숙해졌다. 이런 모호한 언어는 현대 실험실에서 연금술적 비법을 재현하며 물리화학적 변화를 정확하게 서술함으로써 마치 십자말풀이 수수께끼처럼 하나씩 풀렸다. 화학은 이런 역사를 거치며 은유의 풍부한 원천이 되었다. 화학의 은유적 표현들은 청중에게 대장장이의 일이 친숙하다는 것을 알고 있었던 음유시인들이 가장 먼저 채택한 것으로 보인다.

아랍의 연금술

7세기에서 10세기에 걸쳐 발전한 이슬람 일신교는 이전 그리스와 로마 문명의 모든 위대한 중심지를 포용한 무슬림 제국의 심오한 학문의 시기를 이끌었다. '화학의 예술'을 뜻하는 '연금술(alchemy)'이라는 용어는 아랍인들이 화학에 중대한 공헌을 했음을 상기시킨다. 알칼리(alkali), 증류기(alembic), 만병통치약(elixir), 알코올(alcohol)처럼 아랍어로 된 용어 중 다수가 지금까지 영어권 어휘의 일부로 남아 있다.

화학과 제약 분야의 제조법과 기구가 아랍인들에게 승계되었고 그들 중에 특히 자비르 이븐 하이얀(Jābir ibn Hayyan, 서기 721-815년)이라는 화학자에 의해 발전되었다. 우리는 그의 삶에 대해 아는 게 거의 없지만, 그가 만든 화학자 양성 학교가 출현했다는 것은 확실하다. 자비르는 무기산과 알코올이 복잡한 증류 과정을 거쳐야 한다는 것을 이미 알고 있었고 학생들에게 그 제조 방법을 가르쳤다. 그는 땅속에서 금속이 만들어지는 것이 수은과 황의 높은 순도와 절묘한 배합 사이의 상호작용에 기인한다고 생각했다. 더 중요하게 봐야 할 것은 이슬람 연금술사들이 각각의 금속이 외적 특성과 내적 특성을 지니고 있는 모델을 만들었다는 것이다. 가령 금이 겉으로는 뜨겁고 축축하다면, 그 내부는 차갑고 건조하다는 식이다. 반면, 은은 그 반대였다. 그러므로 은을 금으로 바꾸기 위해서는 금속의 안과 밖의 성질을 반전시킬 필요가 있었다.

아랍어와 시리아어로 쓰인 이론적이고 실용적인 지식은 지리적으로 다양한 경로를 통해 서유럽에 전해지며 번역되었다. 13세기에 이르러 대량의 자료가 발견되었는데, 자료의 대부분은 아랍 화학자들이 축적한 것이었으며 그 요약본은 '게베르(Geber)'라는 필명을 사용한 프란치스코회 성직자 타란토의 폴(Paul of Taranto)이 집대성한 『완전성의 총체*Summa Perfectionis*』에 수록되었다. (그림 2 참조)

자비르와 게베르의 저술 사이의 관련성은 20세기 초 독일과 영국 학자들 사이에 많은 논쟁을 일으켰다. 지금 우리는 아랍어 원본을 기반으로 수차례 독창적인 증보를 했던 이 저술들을 게베르의 작품이라 여긴다. 미국 학자 윌리엄 뉴먼(William Newman)이 조사하며 연구한 결과에 따르면, 이중

GEBERI PHILOSOPHI
AC ALCHIMISTAE
MAXIMI, DE ALCHIMIA
LIBRI TRES.

Eiusdem liber inuestigationis perfecti magisterij, artis Alchimicæ.

Iis additus liber trium verborum.

Epistola item Alexandri imperatoris, qui primus regnauit in Græcia, Persarum quoq; extitit imperator: Super eadem re.

2. 게베르가 저자로 여겨지는 『철학자이자 연금술사*Philosophi Ac Alchemistae*』(1529). 속표지는 두 명의 고화학자가 증류기 뒤에서 열심히 작업하는 모습을 묘사하고 있다.

가장 중요하게 여겨지는 저서는 (원자론에 대해 반대한) 아리스토텔레스의 주장에서 파생된 미입자론(소체주의)의 일종이었다. 물질의 쪼갤 수 있는 궁극적 한계로 자연미자(minima naturalis), 또는 우리가 말하는 '분자들'이 존재한다고 주장한 것이다.

게베르의 저서에서는 자비르가 주장한 물질의 내적, 외적 성질은 미립자라는 용어로 풀이되었다. 이것은 변환의 개념에 새로운 동력을 선사해 물질을 구조적으로 재정리할 수 있는 도구를 찾게 했다. 이때 등장한 도구가 수은이었다. 하지만 연금술의 게베르학파 역시 철저한 기독교도였기 때문에, 물질 변화 역시 영적인 변형과 개선, 그리고 영적인 부활에 대한 은유로 여겨졌다.

이름에 숨겨진 정체는 무엇일까?

20세기 초 역사학자들은 화학과 연금술 사이에는 그 둘을 구분하는 분명한 선들이 존재하며 16세기 이전에도 그 경계선들은 뚜렷했다고 가정했다. 우리가 같은 대상을 두고 두 개의 서로 다른 단어를 사용하는 것은 역사기록학적으로 과거에 두 영역이 나뉘어 있었다는 것을 의미한다. 즉, 서로 다른 두 학문 분야로 존재했었다는 것이다. 화학은 역학적이었고,

연금술은 생기론적이며 영적이었다. 하지만 최근의 연구에서는 이러한 해석이 지지받지 못하고 있다. 근래의 연구 결과는 연금술사들도 종종 아주 작은 입자나 미립자의 관점에서도 고민했고, 실제 화학자들처럼 그들이 서로 반응시켰던 물질의 양과 무게에도 관심이 있었다는 것을 보여주기 때문이다.

윌리엄 뉴먼과 함께 연구했던 미국의 화학사학자 로런스 M. 프린시프(Lawrence M. Principe)는 화학과 연금술을 구별하려는 시도는 현대에 만들어진 잣대를 과거에 적용하는 행위일 뿐이라고 강조해왔다. 17세기에는 연금술과 화학이라는 용어가 서로 혼용되었다. 연금술이 금의 제조(chrysopoeia)에 한정되었다는 견해는 이후에 생긴 구분일 뿐이다. 가령, 대부분 물질의 변형과 관련한 제조법(즉, 연금술)으로 구성된 서적을 발견했는데, 그 책의 제목은 『화학의 재조명*New Light on Chymistry*』(1604)이었다. 반면 안드레아스 리바비우스(Andreus Libavius, 1560-1616)가 저술한 저서는 화학 학문 분야에 영향력을 끼쳤는데, 그 제목은 『연금술*Alchemia*』(1597)이었다. 심지어 이 책에서는 전혀 금을 다루지 않았을 뿐만 아니라 증류 작용 및 결정화, 그리고 약제의 조합에 관련한 화학 작용들이 다뤄졌다. (그림 3 참조) 이런 혼란을 피하기 위해, 프린시프와 뉴먼은 17세기 말 이전의 초기 근대 화학과 연금술의 기술을 역사가들이 언급할 때에는 예스러운 표현인 **키미스트리**

3. 리바비우스의 『연금술』 속표지. 이 2절판 크기의 대형 서적에는 약 200개에 달하는 삽화가 들어 있다. 거기에는 화학 실험용 유리 그릇과 기구, 시료를 녹이는 가마뿐만 아니라 이상적인 화학 실험실을 위한 설계도들도 있었다.

(chymistry)(이후 '고화학'으로 표기)를 사용해야 한다고 제안했다. 현재는 화학이 연금술 또는 연단술로 불렸던 분야로부터 바로 성장해나왔다는 데에는 이견이 없다. 비록 근대적 세계관이 21세기 화학자가 가진 세계관과는 상당히 다르지만, 만약 우리가 고화학이라는 용어를 18세기 이전의 모든 화학적 활동에 일관되게 적용한다면, 당시의 연금술에서 벌어진 실제 활동들이 오늘날에도 익숙한 활동이라는 사실을 강조하는 셈이 된다. 그런데, 정말 그렇다면, 연금술과 화학이라는 용어는 대체 어떻게 구분되기 시작했던 것일까?

고화학이 화학이 되다

이탈리아의 기술자 반노초 비링구초(Vannoccio Biringuccio 1480-1539)는 그의 저서인 『신호탄에 관하여*De la Pirotechnica*』(1540)에서 채광과 금속의 생산, 그리고 유리 제조에 대한 당시 지식을 요약했다. 비록 12세기에 아리스토텔레스의 논문인 「비밀 중의 비밀Secretum secretorum」이 라틴어로 번역되며 세상에 등장한 이후 수많은 '비밀의 책'이 유통되고 빈번하게 그 지식들이 '누설'되었지만, 이런 지식들은 기술 장인들이 결성한 조합에서 고수했던 비밀주의로 인해 상당 기간 노출되지 않았다.

비링구초는 당시 부상하고 있던 '예술 공학자들'이라는 무리의 한 사람이었다. 그들은 자신들의 실용적이고 장인적인 기량으로부터 얻은 지식을 출판하기 시작했다. 동시에 자신들의 지식을 고대 그리스의 지적 유산 및 고화학자들의 물질 이론과 비교하기 시작했다. 그 결과로 관찰을 통해 확인된 현상을 가지고 이론적 지식을 평가하는 일이 매우 중요하다는 사실을 알게 되었다. 특히 비링구초는 당시 연금술이 신비주의(Hermeticism)와 중첩된 상황으로부터 연금술을 해방시키기를 원했고, 특히 전쟁 무기 생산에 필요한 야금 기술을 개선하기 위해 연금술을 폭넓은 방향으로 확대하기를 원했다. 이와 유사한 부류의 또다른 중요한 안내 서적으로는 『신호탄에 관하여』 이후 10년 만에 출판된 게오르그 아그리콜라(Georg Agricola)가 저술한 『금속에 관하여*De Re Metallica*』가 있다.

'연금술' 용어가 비금속(卑金屬, base metal)의 변형이라는 효과 없는 일로 여겨지고 '화학'이라는 용어가 물질의 분석과 합성에 국한해 사용되기 시작한 것은 18세기에 들어서였다. 심지어 당시에 의약화학(고어 chemiatria)이나 치료화학으로부터 이어져온 의학적인 맥락에서도 '화학'이 광범위하게 국한되었다는 것을 알 수 있다(2장). 연금술사들은 사기꾼으로 치부되고 연금술이 가망이 없는 대의명분으로 여겨진 것은 금세기에 들어서였다. 위대한 프랑스 백과사전이 완성된

1753년, 화학을 '사물을 구성하는 원리의 분리와 결합을 다루는' 과학으로 정의하고, 연금술을 '금속을 변화시키는 기술'로 정의했다. 이렇게 동의어였던 연금술과 화학은 완전히 다른 의미를 가진 용어가 되었다.

연금술의 소멸

크리소포에이아(chrysopoeia, 금을 만든다는 의미의 그리스어로 금(Khrusos)과 만든다(poiein)의 합성어) 차원의 연금술이 소멸된 것은 근본적으로 금을 만드는 기술이 제대로 작동하지 않았기 때문이다. 하지만 연금술이 제 역할을 한 것도 있다. 고화학자들이 다양한 상업적인 화학적 처방법을 만들어냄으로써 한 나라의 경제에 보탬이 되는 유용한 자금을 벌어들일 수 있게 되었다.

가령 독일의 고화학자인 요한 글라우버(Johann Glauber)는 금을 만들려는 시도를 하지 않고 '살 미라벨(sal mirabelle)'이라는 이름의 물질을 제조하고 판매해 부를 축적했다. 이 불가사의한 염은 식용 소금에 황산을 반응시켜 염산이 형성되는 과정에서 우연히 얻은 부산물이다. 그의 이름을 따와 글라우버의 소금이라고도 알려진 이 물질의 정체는 황산나트륨이며 매우 효과적인 완하제(緩下劑, 배변을 쉽게 하는 약)로 알려졌다. 또다른 흥미로운 연금술적 인물인 레온하르트 투르나이저(Leonhard Thurneysser)는 당시 독일 브란덴부르크의 선제후로부터 후원을 받아 부자가 되었는데, 그가 운영한 공장은 매염제와 유리, 제약에 사용되는 초석(질산칼륨), 그리고 각종 산성 물질들과 백반(황산알루미늄)을 생산하기 위해 약 300명 규모의 노동자를 고용할 정도로 규모가 컸다.

지난 10년 동안 역사학자들은 연금술이 사이비 과학으로 추락하는 과정을 추적해왔다. 연금술과 화학의 경계를 짓는 작업은 1740년대 이후 수학 및 자연과학을 연구하는 종합 연구기관이자 학술원인 아카데미 데시앙스[1]에서 프랑스 화학자들에 의해 주도적으로 이루어졌다. 결과적으로 연금술은 금을 만드는 행위로 범위가 한정되었고 (실은 우리가 이미 알고 있는 것처럼, 오히려 그 이상의 활약이 있었다) 연금술사를 탐욕에 찬 사기꾼으로 치부함으로써 이 구분 작업은 마무리되었다.

프랑스 화학자들은 연금술적 현상들 또한 연금술의 맥락에 가두지 않고 꺼내어 이를 재해석하며 재현 가능한 화학적 사실들로 교체했다. 예를 들어, 다음과 같은 인상적이고 환상적인 연금술 실험을 생각해보자. 가령 질산, 수은, 그리고 은을 섞은 혼합물을 두어 달 동안 놔두면, 혼합물은 다이애나의 나무(Diana's Tree)라고 불리는 은으로 만든 나무를 닮은 형태로 '생장'한다. 그러나 연금술사들은 이 나무를 생명력의 증거이자 철학자의 돌에 이르는 중요한 단계로 본 반면, 프랑스 화학자들은 은의 특성과 역학적인 결정 형성의 한 사례로 이 현상을 논의했다. 화학자들은 수은 대신 납이나 철을 사용하여 다이애나의 나무와 유사한 나무들이 어떻게 자랄 수 있는지 보여줌으로써 이러한 현상에 대한 자신들의 해석을 굳건히 다졌다.

우리는 여기서 역사기록학적으로 중요한 하나의 사실에 주목해야 한다. 연금술사들은 그러한 나무들에 대해 거짓말을 하지 않았다는 것이다. 비록 납과 같은 비금속을 금으로 바꾸는 시도는 일종의 망상이었지만, 연금술사들이 목격한 화학적 변화에 대한 설명은 상상이 아니었다.

그럼에도 불구하고 프랑스 화학자들은 화학 변화에서의 미립자 모델에 자신들도 빠져들었기 때문에 연금술의 이론적 가능성을 인정해야 했다. 하지만, 그들은 연금술 그 자체를 논제로 다루지 않고 단지 금의 화학이라는 항목에서만 연금술을 언급함으로써 그 중요성을 축소했다. 프랑스의 학자들은 왕실의 특권을 등에 업고 당시 출판물을 검토하는 역할을 했기 때문에 이러한 구분과 분별의 집행 권한을 가지고 있었다. 그래서 금을 만든다는 어떤 주장도 비난할 수 있었고 일반적인 산-알칼리 화학반응으로 둘러댈 수 있었다. 더욱이, 이 학술원의 회원들은 물질 변화에 대한 더 오래된 연구 보고들을 화학적 사실로 재해석함으로써 연금술에 대한 비판적 평가와 선 긋기 작업을 확장했다.

연금술이 남긴 것

연금술, 그리고 좀더 일반적으로 표현한 고화학은 물질의 화학적 운용과 취급법, 기술, 그리고 화학 실험 기구들이라는 풍부하고 다양한 유산을 근대 화학에 남겼다. 하지만 근대 화학의 개념적 틀에 포함되지는 못했다. 역사학자들은 연금술의 종말이 그 자체의 결함, 그러니까 신비주의와 은유적 언어를 사용했으며 그 방법이 제대로 작동하지 않았기 때문이라고 설명한다. 연금술이 제 기능을 발휘한 부분은 예술 분야에 유용하게 응용할 수 있었던 몇몇 사례와 무엇보다도 제약 활동에 대한 공헌이었다. 이들 영역에서만큼은 비금속들을 금으로 바꾸려는 시도에서 두드러지게 결여되었던 상업적 이득을 찾을 수 있었기 때문이다. 그리고 물질이 미립자로 구성되어 있다는 연금술사들의 원시적인 개념 역시 근대 화학으로 이끄는 유용한 이론적 실마리였음이 입증되었다.

1960년대 이후 역사학자들은 점차적으로 연금술을 문화와 역사적 맥락에서 관찰했고, 이 연구를 통해 당시 금을 만드는 일과 실용적인 고화학에 종사했던 이들조차 두 분야를 명백하게 구분하지 않았다는 것을 알 수 있었다. 보일(Robert Boyle, 1627-91)과 뉴턴 같은 과학계 우상들은 두 분야를 모두 다루었고, 유럽의 통치자들은 두 체계 모두를 지지했다.

제 2 장

물질의 분석

화학에서 근본적인 고민은 물질의 변화이다. 어떻게 서로 다른 성질을 가진 두 종류의 단일 물질이 합쳐져서 반응물과 다른 특성을 가진 별개의 균질한 물질을 만들 수 있을까? 반응은 역전되거나 원래 반응물들로 재생성되기도 하므로 반응물들이 생성물 안에 다소 불가사의한 방식으로 여전히 존재하는 것처럼 보였을 것이다. 하지만, 만일 그것이 사실이라면, 왜 생성물의 성질은 반응물들이 지녔던 성질의 중간치가 아니라 완전히 다른 것일까?

아리스토텔레스는 반응물들의 형체가 '잠재적으로' 생성물에 존재한다고 가르침으로써 균질성의 논쟁거리를 해결했다. 이 문제는 단지 화학적 숙제만은 아니었다. 이 고민은 빵과 물이 그리스도의 몸으로 실체화하는 성변화(聖變化)라는 가톨릭 교리가 가진 사안이었기 때문에 중세 신학자들도 씨름했던 과제 중 하나였다. 결과적으로, 아리스토텔레스 철학의 어떠한 부정도 기독교의 근본 교리에 대한 부정으로 간주될 수 있었다.

1473년 루크레티우스의 교훈 시집인 『사물의 본성에 대하여*De rerum natura*』의 재발견과 출판은 고대 그리스의 원자론을 다시 유행시켰다. 원론적으로, 원자론은 이 균질성 문제에 더욱 만족스러운 설명을 가능케 했다. 원자는 다양한 모양과 크기로 존재하며 원자가 취하는 다양한 구조 때문에 서로 다른 물질들이 생겨났다는 것이다.

(무신론적 함의와는 별개로) 당시 원자 이론의 치명적인 약점은 인력과 척력이라는 성에 차지 않는 주장 외에는 원자가 특별한 방법으로 서로 결합하는 이유를 설명하는 법칙이 없었다는 것이다. 비록 그렇다 하더라도 우리는 16세기와 17세기 동안 고화학자들 사이에서 미립자론의 전반적인 재유행이 있었다는 것을 발견한다. 하지만 그들이 주장한 미립자는 특징이 없는 원자가 아니라, 고대 그리스 원자론과 아리스토텔레스의 형상 사이의 절충을 보여주는 특질을 지닌 입자들이었다. 21세기에조차 균질성의 문제는 단순한 원자를 넘어서는 부가적인 개념, 즉 원자가나 결합, 전자껍질 그리고 전자궤도

등으로 설명되어야 한다.

우리는 고화학의 기원들이 그리스-이집트 장인들의 야금술과 증류와 유리 제조 활동에서 어떤 식으로 존재했었는지를 살펴봐왔다. 이러한 실용적 활동에 대한 지식은 9세기 이후 유럽의 아랍 정복자들에게 전해졌고, 아랍 고화학자들은 알코올뿐만 아니라 질산과 염산과 같은 무기산 물질을 추출할 수 있었다. 그리스와 아랍의 고화학에 대한 지식이 번역되며 무역을 통해 서유럽에 전해졌을 때, 이런 새로운 추출물들은 점차 다른 연금술사들 사이에서 약효가 있는 물질을 만드는 재료로 이용되었다. 그 연금술사 중 대략 1340년경에 활약한 인물인 프란치스코회 수도자 루페시사의 요한(John of Rupescissa)이 제조한 '정수(精髓)'는 파라켈수스(Paracelsus, 1493-1541)와 그의 추종자들에게 유용한 물질로 밝혀졌다. (그림 4 참조)

파라켈수스는 당시까지 만물의 근원으로 여겼던 황과 수은, 두 가지 원소에 세번째 요소인 소금을 추가함으로써 아랍의 학설을 확장했을 뿐만 아니라, 우주는 그 자체로 화학 실험실과 같은 기능을 한다고 가르쳤다. 그는 창조주 신이 인간과 지구 생명체가 존재하는 미시세계에 대우주적 사건을 반영하는 신성한 연금술사라고 믿었다. 이 신념에 이어 자연에서 생리학적이고 병리학적인 과정은 화학적 현상이며, 질병 치료

Liber de arte Distil
landi de Compositis.
Das büch der waren kunst zü distillieren die
Composita vñ simplicia/ vnd dz Büch thesaurus pauperũ/ Ein schatz d' armẽ ge-
nãt Micariũ/ die brösamlin gefallen võ dẽ büchern d' Artzny/ vnd durch Experimẽt
võ mir Jheronimo brũschwick vff geclubt vñ geoffenbart zü trost denẽ die es begerẽ.

4. 히에로니무스 브런슈윅이 지은 『화합물의 증류 기술에 관한 책*Liber de arte distillandi de compositis*』(스트라스부르그, 1512)은 식물 및 기타 재료에서 증류된 약물(quintessences)의 제조를 설명하는 최초의 인쇄 서적이다. 표지에 후드가 달린 증류 장치를 포함한 용해로를 볼 수 있다.

는 고대인들이 사용한 약초들보다 화학 약품들을 사용하는 것이 최고의 처방이라고 믿었다.

파라켈수스와 치료의학

16세기에 가장 관심을 끄는 인물 중 하나는 테오파라투스 폰 호엔하임(Theophrastus von Hohenheim)이었다. 그는 1493년경 스위스의 독일어권인 슈바벤주의 아인지델른이라는 마을에서 의사의 아들로 태어났다. 당시 스위스 자치주들이 신성 로마 제국의 권위에 맞서 독립 투쟁한 슈바벤전쟁으로 인해 그는 무척 혼란스러운 어린 시절을 보냈다. 전쟁으로 인해 그의 가족은 1502년에 오스트리아로 피신했다. 어린 시절 그는 구루병을 앓아 고생했지만, 그의 아버지는 그에게 의학을 가르쳤다. 청년이 된 그 역시 광부들 그리고 금속학자들과 소통하면서 많은 지식을 습득했다.

파라켈수스의 생은 방랑자의 삶 그 자체였다. 그의 인생에서 유일하게 정착했던 시기는 1527년으로, 그의 치료법이 당시 영향력 있는 르네상스 시기의 인문주의자들에게 깊은 인상을 남기면서 스위스 바젤시의 공중 보건의로 임명되었을 시절뿐이다. 그의 업무에는 약국의 검열도 포함되었고, 그는 고객을 속인 약제사들을 바로 고발했다. 또한 그는 갈레노스

파 의학처럼 보이는 낡고 부정확한 이론을 공격하고, 라틴어 대신 독일어로 강의했으며, 단정한 의사 가운을 입지 않고 노동자의 복장을 즐겨 입었다. 이런 태도들 때문에 지역의 의사들은 그를 못마땅하게 생각했다. 그는 어쩔 수 없이 임명된 지 1년 만에 바젤시를 떠나 방랑자로서의 삶을 재개하고, 의학을 전도하고 의술을 행했으며, 기회가 생기자 그의 행적과 설교한 내용을 책으로 만들었다. 그는 1541년 잘츠부르크에서 사망했고 빈민구호소에 묻혔다(그림 5 참조).

테오파라투스는 출판할 때 저자명으로 파라켈수스라는 라틴어 이름을 사용했는데, 이 이름은 기원 1세기 로마 의학의 권위자인 '켈수스보다 위대하다'라는 의미로 종종 해석되고 있지만, 사실 이 필명은 단지 그의 성인 호엔하임을 라틴어로 바꿔 쓰며 작명되었을 가능성이 높다. 그의 저서들은 로마 가톨릭교회와 전통 의학에 대한 성난 혹평들로 가득차 있었다. 원래부터 이단인데다 '호전적인 청년'이었던 그는 충돌을 좋아했고 타협에는 인색했다. 16세기가 종교와 과학이 분리될 수 없는 같은 동전의 양면과 같은 시기였음을 사람들이 깨닫기 전까지는 21세기에도 그의 이런 태도가 쉽게 받아들여지지 않았다. 그의 의학과 화학 연구는 사회의 완전한 개혁을 위한 종교적 신념과 목표에서 보면 사소한 측면에 불과했다.

본질적으로 파라켈수스는 별과 천상에서 내려온 기운들을

5. 파라켈수스의 목판화는 1567년에 출판된 그의 저서에 권두 삽화로 사용되었다. 방패 문양의 장식은 호헨하임 가문의 표시이고 그의 검 자루 끝에는 당시 보편적으로 사용된 약인 수은이 있었다. 그는 이 약을 '아조트'라고 이름 붙였다.

화학적 물질의 본질로 보는 '유심론자'였다. 그는 자연철학과 그 본질인 신학 이론 두 가지를 다 개혁하는 것이 자신의 사명이라고 여기고 있었다. 당시 그의 삶은 개신교들이 교황의 권력을 공격하고 지주들과 그 권위에 대항한 농민전쟁이라는 소요의 중심에 있었으며 튀르키예로부터 시작된 이슬람교도의 유럽 침략으로 사람들의 공포가 만연했던 격동의 시대에 놓여 있었다. 파라켈수스는 이런 혼란의 중심에서도 천년의 시대가 가까워졌음을 확신했다. 그는 하느님께서 그에게 그리스도의 재림을 준비하는 순회 포교 활동의 선지자가 될 것을 명하셨다 믿으며 종교적 관습과 자연철학의 대대적인 혁명이 필요하다고 강력히 주장했다.

파라켈수스가 자신만의 의학과 화학의 혁신을 이룬 것은 바로 이런 심오한 종교적 맥락에 근거한다. 아마도 의사로서의 그의 명성은 자연이 스스로 질병을 치료할 수 있다는 사실에 근거를 둔 그의 보수적 성향과 자연의 섭리에 개입하지 않겠다는 태도로 인해 형성되었을 것이다. 그가 치료 약물의 목록에 화학 약품을 최소한으로 처방한 것도 이런 태도 때문이다. 그는 연금술을 금을 만드는 것이 아니라 쓸모없어 보이는 물질로부터 실체를 꺼냄으로써 유용한 물질로 분리하는 방법으로 여기고 있었다. 그는 당시 사람들이 신봉하던 갈레노스의 체액 이론을 비웃었다. 체액 이론은 네 종류의 체액인 혈액과 가래, 그리고 황색과 검은색 담즙이 환자의 체질을 정상적으로 유지하며 질병은 이 체액의 불균형으로부터 유발한다는 이론이다. 그러나 그는 질병이 구체적이며 특정한 장소에서 발생한다고 주장했다. 그는 질병의 원인을 부적절한 식단과 궁극적으로는 점성술로부터 유래한 '독'에서 찾았다.

당시 의약품은 약품이 지닌 고유한 '서명'으로 식별될 수 있었는데, 이런 서명은 구체적인 해부학적 인체 기관과 공통점이 있다고 여겨지거나 형태가 닮은 식물의 모양과 색깔로 만든 기호가 사용되었다. 가령, 노란색 꽃은 병든 간의 치료에 적합했음을 나타냈다. 종종 기존 약초에서도 비슷한 주장이 사용되기는 했지만, 파라켈수스의 의견은 이런 약초꾼들의 주장과는 달랐다. 그는 약으로 꽃이나 약초 자체를 사용하는 대신 알코올 증류처럼 화학적인 방식으로 꽃으로부터 생성한 추출물을 사용했다. 게다가 그는 화학과 야금학 지식을 이용하여, 적은 양의 금속염과 증류액을 만들어 사용했다.

이런 이유로 그는 치료화학 혹은 의화학이라는 이름으로 알려지게 된 학문의 도화선에 불을 지폈다. 이 촉발로 일찍이 화학적 치료법이 받아들여지고 화학 과목이 대학에서 수련의 교육의 일부가 되는 혁명적인 효과를 얻었다. 당시는 연금술 혹은 더 일반적인 의미에서의 화학조차 대학 교육과정의 일부로 받아들여지지 않았다. 학문으로서의 화학은 이를 기점으로 두 세기 동안 의학적인 맥락에서 발전하게 된다.

파라켈수스가 지녔던 종교적 틀은 독실한 삼위일체론의 한 형태였고, 이 신앙은 분명히 물질과 질병이 세 가지 형태로 출현한다는 것을 그에게 의미했다. 결과적으로 그는 세 가지 원소가 우리가 사는 세계의 물질을 구성한다고 생각한 것이다. 금속이 황과 수은이라는 두 가지 원소로 만들어졌다는 아랍과 중세의 물질 이론에 근거를 두고 그는 여기에 세번째 물질인 소금을 추가했다. 그는 금속 납이 매우 다른 세 갈래의 물리화학적 형태를 갖는 방식을 이론에 인용했다. 그의 주장에 따르면 납은 연단(붉은 산화납), 백연(흰색 탄산납) 또는 납 유리에 따라 달랐던 것이다.

그는 이러한 질적 변화들은 4원소설로 설명될 수 없지만, 황, 수은, 그리고 염이라는 물질 삼위일체 개념에서는 쉽게 설명된다고 주장했다. 불타는 막대기가 이 모델을 잘 묘사했다. 연소는 황에 의한 것이고, 연기는 수은 때문이며, 남은 재는 소금이었다. 일반적으로 소금은 단단함과 맛을 물질에 부여했고 황은 색과 냄새 그리고 가연성을, 수은은 휘발성과 금속성을 부여했다. 이것이 그가 주장한 세 가지 원소로 이뤄진 **삼위일체론**(tria prima)의 실체였다.

왜 화학의 역사에서는 이런 특별한 사람이 늘 등장하는지 묻는 것은 당연할 것이다. 적절한 답변은 그의 삶 자체가 초기 근대 시기에서 과학과 종교 사이의 밀접한 관계를 생생하게 보여준다는 사실 외에도, 그를 따랐던 많은 추종자들이 의화학을 세상에 퍼뜨렸다는 것이다. 비록 약물을 중심으로 갈레노스파의 의술인 약초 투여를 고수했던 의사들과 화학적으로 조제된 의약품의 사용과 생리 기능에 대한 (생)화학적 해석을 권장했던 파라켈수스 추종자들 사이에 격렬한 논쟁이 있었지만, 결국 파라켈수스 추종자들이 이 싸움에서 승리했다.

이런 의화학적 움직임의 파급 효과는 광범위했다. 파라켈수스 추종자들에게 화학은 의학 분야를 보충하는 과목이었다. 가장 주목할만한 사례는 화학 과목 혹은 적어도 제약화학이 유럽 의학 교과 과정의 일부가 되고 여러 대학에 학과목으로 개설되었다는 것이다. 이 업적은 중세시대에 (기술이라는 측면의) 연금술조차 결코 이루지 못했던 일이다. 이는 의학의 발전과 학문적인 화학의 출현이라는 상호 이익을 입증했다.

1609년 마르부르크대학교의 의화학을 담당하는 교수가 처음 임명되었고, 17세기 말경 화학은 유럽 전역의 의학 학부에 확고히 자리잡았다. 의대생들의 교육을 보조하기 위해 점점 더 많은 화학 교과서가 출간되었는데, 그중 가장 중요한 출간물은 네덜란드의 박학다식한 인물이자 라이덴대학의 교수인 헤르만 부르하버(Herman Boerhaave, 1668-1738)의 저서였다. 파라켈수스 역시 헬몬트와 보일과 같은 화학 분야의 주요 인물들에게 영향을 끼쳤는데, 그들은 파라켈수스의 학설을 이용해 자신들의 신념을 입증했다. 그리고 마침내 삼원리설은 합성과 연소에 관한 개념의 발전에도 확고한 역할을 수행하게 된다. 파라켈수스는 화학 혁명의 출발에 기폭제였던 셈이다.

판 헬몬트의 물

젊은 시절 유럽을 여행했던 것을 제외하고 평생 브뤼셀에서 살면서 일했던 플랑드르 출신이자 파라켈수스의 제자인 얀 밥티스타 판 헬몬트(Joan Baptista van Helmont, 1579-1644)에게 고화학은 깊은 종교적 맥락으로 남아 있었다. 플랑드르 민족주의자인 그는 스페인이 점령한 로우랜드 지역에서 교육계와 교회의 권력을 차지한 예수회 사람들과 다른 스콜라학파 학자들에 대해 깊은 적대감을 가졌다. 그도 파라켈수스처럼 의학을 개혁하고 싶었지만 1609년에 행동으로 옮기는 것을 접고 실험화학 연구에만 전념했다. 하지만 그의 논문들은 스페인 종교재판소의 조사를 받게 되었고, 갈릴레오처럼 1603년에 그는 자신의 오류에 대한 인정을 강요당했다. 그는 3년 후에 다시 유죄판결을 받았고, 파라켈수스의 '기괴한 미신'을 세상에 퍼뜨렸다는 죄로 수년 동안 가택 연금에 처해졌다.

그의 주요 업적인 『오르투스 메디치내 *Ortus Medicinae*』(의학의 원조. 1662년 '의약의 정제 혹은 개선'이라는 제목의 영어식으로 번역되었다)는 1648년 그의 사후에 아들이 출판하였으며, 이 저서는 영국의 로버트 보일과 네덜란드의 부르하버의 연구에 영향을 주었다. 헬몬트의 우주론은 파라켈수스의 우주론만큼 괴상했다. 그래서 우리는 늘 언뜻 보기에 '진실'처럼 보이는 조각들을 까다롭게 고르고 선택해야 하는 난관에 놓이게 된다.

가령 그가 3원소를 생성시키는 기본 물질에 대한 개념이 있었고 비록 그가 종종 원자와 진공이라는 용어를 사용해 저술했다 해도, 이 모든 것은 본질적으로 아리스토텔레스 이론의 체계 안에서 전후 관계의 맥락이 맞춰졌다. 그는 물질의 형태를 효소와 씨앗, 영혼 그리고 이상한 방사 물질인 가스(Gas), 지구에서 조수 간만을 일으키고 별의 움직임을 관장하는 원리를 의미하는 블라스(Blas), 빛의 원리인 매그널(Magnall)로 변형해 사용했다. 이런 요소들이 본질적으로 개별 물질과 질병에 관한 성질과 특성을 전달하거나 설명하는 기능을 한다는 것이다. 이런 '씨앗' 혹은 '효소'들은 반응물이 생성물로 변화하는 필수 작용제로 간주되었다.

그렇다 해도 자연에 대한 헬몬트의 연구만큼은 파라켈수스의 연구보다 훨씬 더 실험적이고 실증적이었다. 그는 저울을 폭넓게 사용했고 화학적 변화가 진행하는 동안에도 물질은 보존된다는 믿음에 근거해 실험하는 동안 반응 과정을 주의 깊게 관찰했다. 예를 들어, 그는 다양한 물질이 연소할 때 발산하는 여러 종류의 방출물이나 연기를 주의깊게 분석했다. (이전 아리스토텔레스학파는 이 발산물을 공기라는 원소로 여겼고 파라켈수스 추종자들은 수은 원소로 여겼다.) 그는 이 연기를 밀폐 용기에 모았을 때 자주 폭발하는 사나운(chaotic) 특성이 있었기 때문에 '가스(gas)'라 불렀다.[2] 심지어 그는 반응에서 나오는 대부분 가스를 구별할 수 있는 능력이 있었다.

그런데 헬몬트에게 가스는 어떤 의미였을까? 가스는 물질로부터 방출되었기 때문에 그는 가스를 물질의 순수한 본질이자 사실상 물질의 영혼, 또는 그가 붙인 용어로 아르케우스(archaeus), 즉 그 본질의 물질적 현상이라고 믿었다. 헬몬트에게 물질과 영혼은 같은 대상의 두 가지 측면이었다. 헬몬트가 사망할 즈음, 네덜란드에서 동시대를 살아가던 청년 르네 데카르트(René Descartes)에 의해 알려지고 있던 물질과 정신에 대한 이원론적 철학이 있었다. 하지만 헬몬트의 이론과는 차이가 있었다. 당시 다른 여러 저술가들은 '공기(airs)'라는 전문 용어의 사용을 선호했다. 결국 채택되지 않은 '가스(gas)'라는 용어는 바로 사라졌다. 그런데 1766년에 프랑스 백과사전 편집자가 이 용어를 부활시킨 것이다.

헬몬트는 화학반응은 물질이 실제로 성질을 바꾸는 것이라고 인정하지 않았다. 금속이 산에 용해되고 분명하게 묽은 용액으로 되었을 때에도, 금속은 원래 중량을 다시 회복할 것이라 생각했다. 구리가 녹아 있는 황산 용액에서 철이 구리를 침전시키는 것처럼 어떤 금속이 용액 상태에서 다른 금속을 침전시키면 그 금속의 원래 양을 되찾을 수 있을지 모른다고 생각했다. 헬몬트의 가장 유명한 정량적 실험은 버드나무의 성장에 관한 것으로, 그는 모든 물질은 궁극적으로 물에서 나온다고 추론했다. 그는 200파운드(lbs)의 흙에 심은 5파운드짜리 무게의 어린 묘목으로 실험을 시작했다. 그는 5년 동안 규칙적으로 나무에 물을 주었는데, 그후 나무의 크기는 커지고 무게는 169파운드로 늘어났다. 그동안 흙은 무게가 줄어들지도 늘지도 않았다.[3]

현대 화학자는 이 실험을 부정확한 실험으로 보고 있다. 왜냐하면 헬몬트가 심은 나무가 토양의 바깥, 즉 대기에 포함된 영양분을 흡수할 가능성을 무시했기 때문이다. 그것만 아니라면 나무가 오로지 물로만 자랐다는 그의 결론은 흠잡을 데 없는 것처럼 보인다. 그는 4원소설과 삼원리설 모두에 비판적이었고, 대신 오직 하나의 태곳적 원소인 물이 존재한다고 주장했지만, 실제 실험에서는 공기 역시 마치 원소처럼 물과 결합하는 경우가 많았다.

대니얼 제너트의 미립자

파라켈수스와 헬몬트주의의 고화학과 의학을 옹호한 학자들 중에는 중부 유럽 왕실의 후원을 받는 많은 의사들이 포함되었다. 이런 이유로 당시 이런 귀족계급의 보호를 받지 못하며 위기에 몰렸던 갈레노스 추종자들과 같은 경쟁자로부터 방해받지 않고 보다 많은 권위를 갖게 되었다. 의사 외에 다른 학자들도 유럽의 여러 대학에서 의대 교수직을 맡았다.

이들 중 중요한 의화학자였던 인물이 비텐베르크 의대 교수인 다니엘 제너트(Daniel Sennert, 1572-1637)이다. 그는 아리스토텔레스, 갈레노스, 파라켈수스의 우주론을 미립자 전통과 조화시키는 중도적인 방법을 찾아냈다. 이 개념은 오랫동안 수많은 중세 고화학자들의 저술의 바탕이 되었으며 궁극적으로는 과거 자연미자 이론으로 거슬러올라가게 되었다. 제너트는 물질의 다른 성질은 아리스토텔레스나 파라켈수스가 주장하는 원소들이나 원리들이 아니라 이런 개별 입자의 잠재적 본질과 같은 소(素)들의 결합에 기인한다고 가르쳤다. 이 본질들이 반응물과 화합물의 혼합과 분리 후에 이전과는 다른 새로운 성질을 생성했다는 것이다.

제너트는 이런 초기 미립자 이론을 주장하며 실험적인 관찰로 증명을 뒷받침했다. 예를 들어, 주정을 증류하는 과정에서 나오는 증기는 필기용 종이 뭉치를 통과했기 때문에 증기 입자는 매우 작아야 한다는 식이다. 승화 현상 또한 입자의 운동으로 단순하게 설명될 수 있었다. 또한 금과 은이 혼합되어 합금이 되었을 때, 금과 은은 사라지지 않고 남아 있다고 주장했다. 그 증거는 이 합금에 아쿠아 포티스(질산)를 첨가함으로써 다시 금과 은으로 환원할 수 있었다는 사실에 있었다. 이러한 혼합과 분리가 가능한 이유는 물질이 개개의 입자로 구성되었기 때문이라는 사실을 시사했다.

이후 보일이 했던 주장이 이와 유사하다는 것을 알 수 있는데, 보일은 간혹 제너트의 주장이라는 사실을 밝히지 않고 그의 말을 인용했다. 아무튼 물질은 '분해되는 어떤 것'으로 구성되었고, 그 반대인 재구성인 경우에도 마찬가지였다. 이러한 과정에서 물질은 **미니마**(minima, 물질을 구성하는 가장 작은 입자들)로 분해되었고, 그런 다음 새로운 몸체를 형성하기 위해 이 작은 미립자들은 다시 배열되었다. 생성물의 성질은 새로운 물질에 독특함을 부여하는 잠재적 본질(혹은 형태)로부터 나온 결과였다. 제너트는 이런 분리와 재구성 반응을 **디아크리시스**(diacrisis)와 **신크리시스**(syncrisis)라 불렀다. 그리고 우리는 이 말에서 분석(analysis)과 합성(synthesis)이라는 용어의 원래 개념을 엿볼 수 있다. **미니마**란 반드시 불가분의 원자(무신론의 비난을 초래할 수 있는 학설)는 아니지만, 밝혀진 어떤 화학 작용에 의해서도 더이상 분해할 수 없는, 식별 가능한 물질의 가장 작은 크기인 소체(小體)를 의미했다.

제너트의 소체주의(corpuscularianism)는 연금술의 전통으로부터 계승되었는데, 그 역사를 좇아가면 아랍과 아리스토텔레스 자료에 기초한 게베르의 13세기 저서인 『완전성의 총체*Summa Perfectionibus*』까지 거슬러올라간다. 게베르의 저서에서 주목할 만한 특징은 금속을 구성하는 두 가지 원소(황과 수은)가 그 자체로 기본 미립자인 아주 작은 입자로 형성되어 있다는 개념이었고, 결국 그 입자들은 아리스토텔레스가 주장한 원소인 흙, 공기, 불, 물을 구성한다는 것이다.

게베르와 마찬가지로 제너트도 물질 구성의 계층적 모델을 묘사했다. 제너트는 그 모델로 실제 물질인 황과 수은의 승화 현상을 꺼냄으로써 실험적으로 방어할 준비를 했다. 물질을 증유기로 가열하면 유황 분말 가루와 흩어지는 수은 방울로 승화하며 개개의 미립자 특성을 드러낸다는 것이다. 물질을 분리할수록 뭉치려는 저항력이 뚜렷해졌는데, 이 힘은 물질들을 균일하게 만드려는 미립자들의 '강력한 조직력'의 증거였다. 불이나 열은 더 가볍고 미세한 입자들을 분리하고 상승시켜 방출했고, 더 무겁고 큰 입자들을 남겨두었다. 이 현상은 균질성이 크기와 무게에 달려 있다는 사실을 암시했다.

게베르 역시 금속을 고열로 처리하며 휘발성분을 제거하는 하소(煆燒) 과정이 승화의 또다른 반응 형태라고 주장했다.

당시 실험했던 사람들은 하소 과정이 진행되는 동안 유황 냄새를 맡고 분말과 함께 매번 착색된 덩어리(산화물)가 실험 후에 남는다는 것을 알았다. 당시 이런 다양한 색깔이 나오는 이유를 휘발되지 않고 남겨진 황의 다양한 크기와 응집력에 기인한다고 설명했다. 한편 금속이 산 물질에 용해된 후에도 변하지 않고 다시 금속으로 환원될 수 있다는 사실은 그들이 이런 연금술적 실험 과정을 통해 꾸준히 관찰해왔다는 명백한 추가적인 증거였다.

로버트 보일과 고화학의 개혁

아이작 뉴턴의 등장으로 그늘에 가려지기 전까지 '화학의 아버지'이자 최고의 명성을 누렸던 영국의 자연철학자인 보일을 바라보는 우리의 시선은 지난 30년 동안 완전히 바뀌었다. 마이클 헌터(Michael Hunter)와 그의 제자들은 런던의 왕립 학회가 소유한 보일의 기록이 담긴 엄청난 양의 자료를 세밀하게 조사했다. 보일이 출판한 논문을 비롯해 출판하지 않은 연구 기록, 연구자들과 교환한 서신들은 물론 실험실 연구 노트까지도 집대성한 새로운 출간본을 제작하기 위해서였다. 보일은 물질에 대한 미립자(소체) 이론을 입증한 화학자적 연구 활동과 여기에 수학적 성향을 가진 자연철학자들의 관심을 끄는 데에 자신의 과학적 삶의 대부분을 바친 위대한 인물이었지만 한편으로 난해한 인물로 밝혀졌다.

보일은 끝없는 호기심과 다소 충동적 성격을 가졌으며 문학적 기량도 갖춘 인물이었다. 그는 신이 세상을 만든 목적과 설계를 인식하고 이를 정당화하는 한 방법으로써 경험 철학을 주시했던 기독교의 거장이기도 했다. 보일은 아마도 기계론(mechanical philosophy, 모든 사상을 기계적 운동으로 환원해서 설명하려는 입장)이 그 자체로 유용하다고 생각했을 뿐만 아니라 종교의 정당성을 지지한다고 진지하게 믿었다.

부유한 특권층인 영국계 아일랜드 귀족이었던 그는 20대 초반부터 과학에 관심을 갖기 시작했다. 그전에는 종교적인 금욕주의자이자 지적인 도덕주의자였다. 이후 그가 뛰어난 실험주의자가 되었을 때에도 독실한 신앙심은 남아 있었다. 그는 이교도였던 아리스토텔레스주의와 파라켈수스주의가 학자들을 무신론과 특히 기독교를 부정하는 쪽으로 몰아넣고 있다고 믿었다. 그는 원자론이나 미립자론이 신의 창조를 이해하는 더 나은 방법이라는 것을 증명하기 위해 헌신했다.

최근의 연구 역시 보일의 교양 수준과 그가 의도적으로 정보의 출처를 불분명하게 만든 이유를 조명했고, 결과적으로 보일은 전통적인 역사 문헌에서 묘사된 것보다는 덜 독창적이고 덜 정직한 인물로 다시 부각되었다. 보일은 자신의 관점을 참신한 것으로 (그리고 솔직히 말해 원자료보다 덜 분명하고 더 장황하게) 묘사함으로써 과거를 포함한 당시의 고화학적 관행과 미래의 화학 사이에 벽을 쌓는 데는 성공한 셈이다.

보일은 영국으로 이민 온 미국 출신의 조지 스타키(George Starkey, 1628-65)라는 인물의 지도하에 화학자로 성장했다. 스타키는 이레네우스 필랄레테스(Eirenaeus Philalethes, 평화적인 진리의 연인)이라는 필명으로 연금술 분야에서 저술 활동을 한 인물이다. 스타키가 보일에게 화학을 가르쳤음에도 불구하고, 보일은 이레네우스가 스타키 본인이었다는 사실을 전혀 몰랐다는 것은 재미있는 아이러니이다! 화학자인 뉴턴도 자신의 학문이 이레네우스의 영향을 강하게 받은 것을 몰랐다.

지금까지 전해지는 스타키의 실험실 연구 노트를 보면 스타키와 같은 고화학자들이 지닌 대단한 기량을 알 수 있는데, 그는 다른 고화학자들의 문맥에 숨겨진 그들만의 학문적인 의도를 해석하고 다른 학자들이 만든 실험 과정을 동일하게 재현하고 개선했다. 사실 연금술사들이나 고화학자들이 은밀하게 사용하는 암호인 *Decknamen*을 이해하는 것은 힘든 일이었다. 그 때문인지 스타키는 '신은 땀을 대가로 비밀을 넘긴다'라는 명언을 남겼다. 스타키의 경력에서 비극적인 점은 그가 필명에 숨어 저술하는 삶을 선택함으로써 300년 넘게 역사에서 지워졌다는 것이다.

16세기 연금술이 매우 실용적이고 실험실에 기반을 두었으며 금을 만드는 시도조차 어느 정도 타당성이 있었다는 것은 이제 명확해졌다. (대기 중 질소가 언젠가는 비료를 제조하는 데 결정적 재료가 될 것이라는 빅토리아시대 화학자들의 강렬한 소망이 더이상 비현실적인 희망이 아님을 비교해보라.) 스타키와 헬몬트 같은 연금술사들은 반응물과 생성물 사이의 인과관계에 관한 질량 변화의 추론에 사람들의 감각 변화에 영향을 받지 않는 분석용 저울을 필수적인 도구로 사용했다. 즉, 그들은 질량 보존의 원리를 알고 있었다. 연금술이 끌어온 야금학도 그렇지만, 연금술은 정량적 학문이었다. 연금술을 행했던 사람들은 그들의 예측을 실험했고, 그들의 이론에 근거한 이런 행위는 반복 재현성을 염두에 둔 실험이었다.

예를 들어, 헬몬트는 이른바 '알카헤스트(alkahest, 만능 용매라고도 하며 극단적으로 가장 단순한 형태로 낮춘 물질)'로 불리는 물질에 대해 다른 사람이 알기 어려운 제조법을 가지고 있었는데, 스타키가 이 제조법을 해독해 보일에게 공개했고, 거기에는 안티몬-철-수은 합금인 아말감이 들어 있었다. 스타키의 제조법에 따르면, 은이나 금에 이런 아말감을 첨가했을 때 실제로 이러한 귀금속을 확실히 더 많이 얻을 수 있었다. 스타키와 보일은 이 반응 과정을 알카헤스트의 입자가 내부에서 재배열한다는 의미인 **크리오포**에이아(chryopoeia, 또는 보다 일반적으로 금속을 만드는 과정)로 해석했다. 지금의 우리는 이 현상을 순도가 낮은 안티모니 광석으로부터 은과 금 불순물을 제거하기 위한 효율적인 야금 공정으로 이해하고 있다.

수은 기둥 상부에 갇힌 공기의 부피가 수은의 무게(압력)에 반비례한다는 보일의 잘 알려진 증명 역시 공기가 입자의 성질을 가졌다는 훌륭한 논증이었다. 공기 입자가 개별로 분리되고 비연속적인 물질이 아니라면 공기가 어떻게 압축될 수 있었겠는가? 마찬가지로, 리트머스(litmus)처럼 색깔 있는 식물성 재료를 지시약으로 사용하여 물질의 산성과 염기성 정도를 시험하게 만든 보일의 작품은 훗날 재료 분석에 중요한 역할을 했다.

보일은 그의 연금술적 관심을 감추기 위해 부호와 암호를 사용했고 그래서 결국 근대와 고대 방식에 스스로를 가둔 셈이 되었다. 비록 장황한 대화체로 구성된 보일의 저서 『회의적 화학자*Sceptical Chymist*』(1661)가 아리스토텔레스 4원소론과 파라셀수스 삼원리설 모두를 훌륭하게 비판했지만, 물이 물질의 근본적 본질일 수 있다는 헬몬트의 증명(버드나무 실험)에 보일은 분명히 적잖은 충격을 받았다. 하지만 보일은 이 주장을 서로 다른 크기와 모양의 미립자로 나뉘는 물질의 보편적 토대가 있다는 증거로 보려 했다. 불(혹은 열)을 이용한 분석은 요소들이나 원소들을 새로 만들어내지 않고, 물질을 구성하는 미립자를 재배열한다고 생각했다.

보일, 데카르트, 뉴턴과 같은 자연철학자들은 원자와 미립자라는 가상 세계의 관점에서 생각하는 것을 즐겼지만, 당시의 실용적인 화학자들, 특히 의화학자와 약제사들은 그러한 고찰에 의구심을 품거나 심지어 무관심하기까지 했다. 그들의 유일한 목표는 유용하고 수익성 있는 의약품을 생산하는 것이었다. 18세기 초부터 프랑스 왕립 과학 아카데미(Académie royale des science, 1666년 설립)에서 광천수와 식물의 분석 연구를 통해 이 주제를 발전시킨 것은 프랑스 약사들이었다. 보일의 회의론에도 불구하고, 특성을 가진 요소들은 실험 화학자들에게 지속적으로 유용한 실험 대상이었다. 하지만 그 요소들은 더이상 '단순 물질'이 아니라 여느 물질의 범주나 분류였다. 가령, 염의 경우 바다 소금, 초석, 야채와 동물에서 얻을 수 있는 염, 그리고 다양한 알칼리 물질을 포괄적으로 의미했다.

특히 프랑스에서는 화학이 대중성을 얻게 되었고, 그 결과 다수의 교과서 출간물에 화학이 반영되었으며 그중 많은 책이 여러 판본으로 등장했다. 화학이 중요해진 것은 당시 화학 분야 종사자들이 보다 확대된 대중적 관심을 장려하고 증가하는 경제적 중요성을 입증하기 위해서 화학은 충분히 가르칠 가치가 있다고 여겼기 때문이다. 결국 화학은 프랑스인의 교양 교육에 없어서는 안 될 학문이 되었다.

초기 실험실

16세기에 독일 화학자이자 의사인 안드레아스 리바비우스가 실험실이라는 전문적인 공간을 갖춘 건물의 모습으로 웅대한 비전을 제시했음에도 불구하고, 주방 모습의 실험실이었던 작업장은 수 세기 동안 연구실의 표준 형태로 지속되어왔고 1840년대까지 그 모습에서 실질적인 변화는 없었다. 어차피 요리도 화학적 과정의 하나였으며, 화학 실험실과 주방의 운영에서 고려해야 할 부분이 크게 다르지 않게 여겨졌기 때문이다. 그 고려 대상은 주로 배수구, 환기, 열처리용 화로, 원자재, 기구, 도구 등이었다. 교육이 확대되며(18세기와 19세기 초 베르셀리우스와 같은 화학자들은 일반적으로 한번에 한 명의 제자 또는 견습생만 허락했다) 학생이 늘기 전에는, 무엇보다도 유기화학이 도입되기까지는 실험실이 아주 넓을 필요가 없었다.

실험 기구는 기껏해야 플라스크와 증류기가 전부라 간소했고, 화학 실험과 약제의 조제 그리고 야금 작업이라고 해봐야 가열하거나 용해하고 증류하는 것에 불과했을 당시에는 환기를 위한 창문과 굴뚝 혹은 둘 중 한 가지만 있는 작은 공간도 실험실로 사용하기에 적합했다. 화학자들이 '스파지리스트(spagyrists)'[4]나 불을 다뤘던 노동자들로 알려지고 혹은 대장장이들과 말의 편자를 만드는 사람들과 같은 부류에 놓이기에 충분한 이유가 있었다. 실제로 우리가 이러한 초창기 화학 실험실을 제대로 묘사하고 싶다면 당시 약제상과 약사들의 작업장 실내를 살펴보는 것이 최선이다. 그래야 다니엘 테니어(Daniel Teniers, 1610-90)와 같은 플랑드르 화가들이 종종 재현했던 연금술사들의 낭만적인 장르화에 현혹되지 않는다.

1698년 부르하브와 동시대를 살았던 요한 바르쿠젠(Johann Barchusen, 1610-1723)의 네덜란드 위트레흐트시에 자리한 실험실이나 1810년대 암스테르담의 약국 주인이었던 앤서니 다일리(Anthony d'Ailly)가 실험실에서 약을 배분하는 모습을 담은 그림을 보면, 모두 용해로와 함께 유독 가스와 매연을 환기하기 위한 커다란 환기구가 그려져 있어 그 중요성이 두드러진다. (그림 6 참조) 당시의 대저택들(예: 영국 남부 브라이턴의 로열 파빌리온에 있던 리젠트 왕자의 저택)에 있던 근대식 부엌과 모습이 상당 부분 일치하는 것도 인상적이다. 프랑스 요리사 마리앙투안 카렘(Marie-Antoine Carême, 1784-1833)은 '우리를 죽이는 것은 타는 숯이다'라고 주장하며 요리사를 순교자로 여겼다. 실제로 실험실과 주방에서 숯을 가열제로 사용함으로써 발생하는 치명적인 일산화탄소 때문에 '환기'는

6. 현대 화학 실험실로 발전한 전형적인 약제사의 실험실과 작업장의 내부이다. 그림은 1812년 암스테르담 약제사 앤서니 다일리의 약국의 모습이다. 왼쪽에 있는 문을 통해 조제실에서 상점으로 출입할 수 있게 했다.

최우선시되었다.

물리학 대 화학

보일은 수학적인 접근법은 일반 대중을 이해시키기 무척 어렵다는 이유로 거부했지만, 실험적 방법만은 받아들였다. 당시 많은 사람들은 보일의 연구가 과도한 가설을 포함한다고 생각했으며 그가 불을 이용한 분석 방식과 당시 유행한 원소나 요소를 무리하게 거부한다고 여겼다. 만약 물질과 그 물질의 감각적 특성을 형태를 띤 입자의 운동으로 환원해 설명하려는 기계론에 대한 보일의 지지가 이후에 등장한 물리화학처럼 비춰진다면 그것은 다른 실험화학자들이 이해하는 방식이 아니었던 것뿐이다. 동료들에게는 보일이 쓸데없는 것과 함께 중요한 사실마저 버린 사람으로 여겨졌다.

역사학자인 빅토르 보앙짜(Victor Boantza)는 파리의 과학 아카데미 초창기 회원인 사뮈엘 뒤 끌로(Samuel Du Clos, 1598-1685)의 비평에 특히 주목했다. 뒤 끌로는 보일의 연구와 아이디어에 전혀 감명받지 않았으며, 그와 다른 회원들이 아카데미의 실험실에서 수행했던 식물 분석 과정을 설명하는 데 있어서 어떤 종류의 기계론도 사용하지 않았다. 뒤 끌로는 보일 자신의 저서인 『회의적 화학자』에서 아주 심하게 비판했던 파라켈수스의 **삼원리설** 관점으로 그의 연구 결과를 해석하는 것을 선호했다.

뒤 끌로의 사고방식에서는 보일의 연구가 화학적 저술에 무지했고 실험에 있어서도 부족함을 보였다. (이는 보일의 지시에 따라 실험을 수행하기 위한 조수들이 돈을 받고 고용되었던 사실을 비꼬는 것 같다.) 자신의 연구는 실험적이고 입증 가능한 반면, 보일의 연구는 추상적이었고 궁극적으로는 그저 수사적(修辭的)인 것에 불과했다고 여겼다.

보앙짜가 강조했듯이, 보일과 뒤 끌로 두 사람 모두 고화학을 개혁하고 근대화하려는 목적을 가지고 있었다. 차이가 있다면, 보일의 전략은 고화학을 '물리화학적' 담론으로 바꾸는 것이었던 반면 뒤 끌로의 보다 실질적인 목표는 전통적 고화학론을 재정의하는 것이었는데, 특히 원소 이론과 분석 방식에 각별한 중점을 두었다. 한편 두 사람 모두 아리스토텔레스의 4원소는 물론 파라켈수스의 3원소를 화합물의 궁극적인 구성 요소로 받아들이는 것에 대해서는 공통적으로 반대했다. 그러나 보일은 불을 이용한 분석이 물체를 원소로 환원하게 하는 것이 아니라 불이 물체를 입자로 바꿨을 때 입자들 스스로 재배열할 가능성이 높다고 주장하며 두 이론을 모두 완전히 거부한 반면, 뒤 끌로는 불(건식법)이나 증류(습식법)에 의한 분석 결과들을 설명하기 위해 — 마치 건축에 사용되는 비계처럼 — 시행착오를 거쳐 습득한 원소들을 사용할 준비가 되어 있었다. 이 원소들에 대한 효과적인 관점은 1789년에 라부아지에가 원소들에 대한 실질적인 정의를 내리는 데까지 이어졌다.

프랑스 의화학자들은 파라켈수스주의자들의 가장 큰 관심사가 고체 염 물질이고 그 염 물질의 구성을 매우 중요하게 여겼다는 것을 알게 되었다. 빌헬름 홈베르크(Wilhelm Homberg, 1653-1715)와 같은 프랑스 과학 아카데미의 제약화학자들은 염의 식별과 정제 및 분류, 그리고 화학적으로 활성 산과 염기 사이의 중화반응 과정에서 어떻게 염이 나오는지에 대해 엄밀한 실험적 주의를 기울였다. 이들 대부분 연구는 염이 산성과 염기성산화물의 이중성을 띤다고 정의한 1789년 라부아지에의 『화학원론*Traité élementaire de chimie*』이라는 저서의 자료가 되었다.

라부아지에가 언어 사용에 있어서 누구보다 정확함을 요구했다는 점에서 보면, 프랑스 약사들이 식물 추출물로부터 약물을 발굴하면서 수행한 연구가 논리적으로도 독단적이며 어떤 이론과도 무관하다고 지적한 사실은 흥미롭다. 이러한 제약화학자들이 사용한 용어의 비체계적인 특성이 그들의 용어로 지정한 물질의 상호 반응과 합성에 대해 일관되게 생각하는 것까지는 막지 못했음이 분명하다.

뉴턴의 화학과 친화력

과거 화학자들에게는 물질이 한데 모이고 뭉치는 이유가 항상 설명할 수 없는 미스터리였다. 이 비밀에 대한 아리스토텔레스의 해답은 단순히 그것이 '흙' 또는 '물'이 되기 위한 핵심적 부분이라는 것이었고, 후대 아리스토텔레스학파는 혼합물 혹은 화합물에서 물이 원소들을 결합시키는 주역이라고 주장했다. 하지만, 일반적으로 응집력은 (원인을 알 수 없다는 점에서) 초자연적 힘으로 남겨졌고 '사랑/미움' 또는 '같음/다름'이라는 용어로 다양하게 언급되었다. 만유인력으로 행성 궤도에 대한 수학적 분석에 성공한 뉴턴은 평범한 물질의 입자들 사이에도 유사한 법칙이 존재한다고 주장했다. 그러나 이 경우에는 짧은 거리의 미립자들 사이에서만 인력이 미쳤고 화학물질 종류마다 인력의 강도는 다양했다.

화학적 친화성에 대한 연구는 18세기 화학에서 아주 흥미로운 난제 중 하나가 되었다. 염을 가지고 연구했던 프랑스 의 화학자들에게 이 친화성은 그들이 발견한 산-염기 관계에서 기초가 되는 것처럼 보였다. 화학물질 사이의 **연관성**(rapports)에 대해 저술한 에티엔 제프로아(Étienne Geoffroy, 1672-1731)는 1718년에 첫번째 친화력표를 만들었고, 이 표는 1750년대 이후로 점점 더 정교해지며 발전했다. 꽤 뒤늦게 등장하는 주기율표와 마찬가지로 친화력표는 화학물질의 치환반응에 관한 화학자들의 지식 전체를 효율적으로 요약했다. 이 표는 자연 세계를 그 구성 요소를 가지고 전체를 분석하는 화학자의 힘을 보여줬고 약을 제조하거나 화학 제조 공정을 개선하고 설명하는 데 있어서 어떻게 이 정보가 실용적으로 사용될 수 있는가를 보여줬다. 반면에 친화력표는 반응성이나 상대적인 비활성의 원인에 관한 이론적 통찰까지 제공하지는 못했다.

존 프렌드(John Friend, 1675-1728)와 존 케일(John Keill, 1671-1721)처럼 뉴턴을 지지했던 화학자들이 화학적 인력을 정량화하려 했지만 바로 실패했다. 수리화학에 대한 뉴턴의 꿈은 시간적으로 멀리 떨어진 2세기 후에나 실현될 것이었다. 반면에, 스웨덴의 토번 베르그만(Torbern Bergman, 1735-84)과 같은 전문적인 실용화학자들에 의해 만들어진 새로운 친화력표에서 수집된 풍부한 정보는 한편으로 알려지지 않은 광물이나 염의 구성을 결정하는 방법에 대한 지침서로 다시 집대성될 수 있었다. 이러한 정성적 분석(이는 곧 연구 분야명이 되었다)의 안내서 중 최초이자 영향력이 있는 저서는 1829년에 하인리히 로제(Heinrich Rose)에 의해 독일어로 출판되었다. 그 결과 악취가 나는 독성 가스인 황화수소는 화학 실험실에서 가장 많이 사용되는 시약이 되었는데, 특히 네덜란드의 약사인 페트러스 자코버스 킵스(P. J. Kipps, 1808-64)가 황화수소를 양산하는 장비를 개발한 이후 그 사용이 더욱 확산되었다.

마치 요리책처럼, 누구나 광물의 성분을 결정할 수 있게 한 체계적인 분석표의 출현은 무기물에 관한 화학(결국은 여기에 무기화학이라는 칭호가 붙게 된다)의 등장을 가능하게 했다. 예를 들어 수은, 황 및 소금과 같은 물질을 구성하는 (또는 적어도 이러한 실제 물질들의 높은 순도나 이상적 형태를 지닌) 원소들은 실제로 존재하는 균질한 물질들의 대규모 무리로 확장되었다. 이 균일한 물질들은 물질 구성과 친화력에 대한 설명에서 고화학자들이 원소들과 미립자로 인식했던 바로 그 물질들이었다.

제 3 장

기체와 원자

역사학자들은 코페르니쿠스, 케플러, 갈릴레오, 데카르트, 뉴턴으로 연결된 17세기 자연철학의 지적 발전과 비교해 종종 화학은 '지체된 혁명'으로 언급해왔다. 이러한 지연은 화학자들이 18세기 중반까지 화학적 변화에서 공기의 역할을 이해하지 못했기 때문이라고 여겨졌다.

라부아지에의 신(新)화학을 발전시키는 데 기체의 역할이 핵심적이었다는 사실은 부인할 수 없지만, 역사학자들 역시 보다 최근에 들어서 의학을 우선시한 제약화학자들과 좀더 학문적이고 철학적이었던 화학자들의 실질적인 분리를 18세기 후반에 일어난 화학 변혁과 연결지었다. 후자는 약학을 무시하고 열등한 지적 지위로 전락시키는 한편, 대신에 농업과 광업, 그리고 기술을 전반적으로 이해하고 개선하는 방향으로 화학의 응용 분야를 확대했다.

기체의 혁명

헬몬트는 산과 금속 간의 반응에 의한 기체 생성물을 **가스**라고 언급했는데, 생성물이 무질서하고 통제할 수 없었기 때문이다. 가스는 1660년대에 옥스퍼드에서 외과의사로 수련을 받은 존 메이오(John Mayow, 1641-1679)에 의해 처음으로 '다스려지고' 조절되었다.

1660년대 초에 로버트 훅과 로버트 보일이 새, 쥐, 양초를 이용해 고안한 새로운 공기 펌프를 가지고 한 실험을 통해, 보일은 대기 속의 공기가 폐에서 불순물을 제거해 외부 공기로 배출하는 매개 역할을 한다는 결론을 내렸다. 로버트 훅은 그의 주목할 만한 저서 『마이크로그래피아*Micrographia*』(1665)에서 기상학 이론에 많은 영향을 받았던 연소 이론의 개요를 서술했다. 당시 기상학 이론은 화약이라는 공통점에 바탕을 두었다. '질화 공기(nitro-aerial)' 이론에 따르면, 천둥과 번개는 황과 질소가 함유된 화약의 폭발 그리고 섬광과 유사했다. 초석(질산칼륨)이 물의 온도를 낮추고 농작물을 잘 자라게 하는 것으로 알려진 이후, 로버트 훅은 대기 중의 질소 입자들이 눈과 우박, 작물의 생명력을 좌우한다고 주장했다. 이런 개념들은 폴란드 고화학자 미카엘 샌도보기우스(Michael Sendivogius)까지 거슬러올라갈 수 있다. 그는 1604년에 **질소염**(sal nitrum, 염분을 함유한 미네랄 질산)의 정체가 보편적인 소금과 대기의 성분이라는 것을 확인했다.

1674년, 메이오는 질화 공기 이론을 발전시키고 최대로 확장했다. 그는 이 이론을 동물의 호흡은 물론, 연소에서의 열과 불꽃, 석회화, 용해, 체온의 유지, 동맥혈관의 붉은색, 식물의 성장으로, 그리고 다시 한번 여러 기상 조건을 포함하는 광범위한 현상으로 확장했다. 그는 초석(질산칼륨)을 공기 성분 중 어떤 것으로부터 형성되는 염기와 산 함유 물질로 인식했다. 즉 공기 그 자체는 질소 입자들과 호흡과 연소 후에 남아 있는 물질들로부터 형성되는 중간 단계의 물질로 여긴 것이다.

메이오는 바닥이 둥근 플라스크를 뒤집어 물에 잠기게 하고 그 안에서 양초를 태웠을 때 플라스크 안 공기 중의 질소 일부가 소모되며 이로 인해 수위가 상승하는 현상을 보여주었다. 그가 생각하기에 연소라는 현상은 금속에 질화 공기 입자들을 역학적으로 첨가하는 것을 수반했다. 그는 무게의 증가를 초래한 보일의 연소 실험들로 이 현상을 알고 있었다. 메이오의 설명은 금속이 공기 중에서 가열되면 마치 금속이 질산에 용해된 후 가열이 되었을 때와 같은 물질(칼크스(calx))이 생성된다는 사실로 입증이 될 것처럼 보였다.

연소와 호흡 과정에서 메이오의 질소 공기 이론과 100년 후 등장한 산소 이론 사이에는 표면적으로 공통점이 있지만, 실제로는 단지 물질의 이동 특성만이 유사할 뿐이다. 어쨌든, 메이오의 모델은 화학적이라기보다 오히려 물리적이었다. 그럼에도 불구하고, 메이오는 의심할 여지 없이 창의력이 풍부한 실험주의자였다. 비록 그가 가스를 모으기 위한 공압 수조 자체를 직접 발명하지는 않았지만, 물을 통해 한쪽 유리 용기에서 다른 쪽의 유리 용기로 공기(가스)를 옮겼던 그의 실험 방법은 독창적이고 영향력이 컸다. 특히, 영국 성직자 스티븐 헤일스(Stephen Hales, 1677-1761)는 이 실험 방법에 자극을 받아 연소시 발생한 기체 생성물을 '세척'할 수 있고 이에 따라 물을 통해 기체를 정제 후 용기에 모아 정량적 평가를 할 수 있는 기구 장치를 고안했다. (그림 7 참조)

자연에 대한 뉴턴의 수식화에 영감을 받은 헤일스는 『수학원리*Principia Mathematica*』(1687)라는 저서에서 엄청난 양의 공기가 대기 외에도 고체 광물과 식물에 함유되어 있다는 것을 증명하는 데 주력했다. 그래서 이 주제에 대한 그의 저서 제목도 『식물 정역학*Vegetable Staticks*』(1727)이다. 비록 그는 그가 만든 기체 생성물이 순수한 공기라는 신념에만 얽매여 있었지만, (이를 통해 그가 다른 종류의 기체를 만들었다는 사실을 인식하

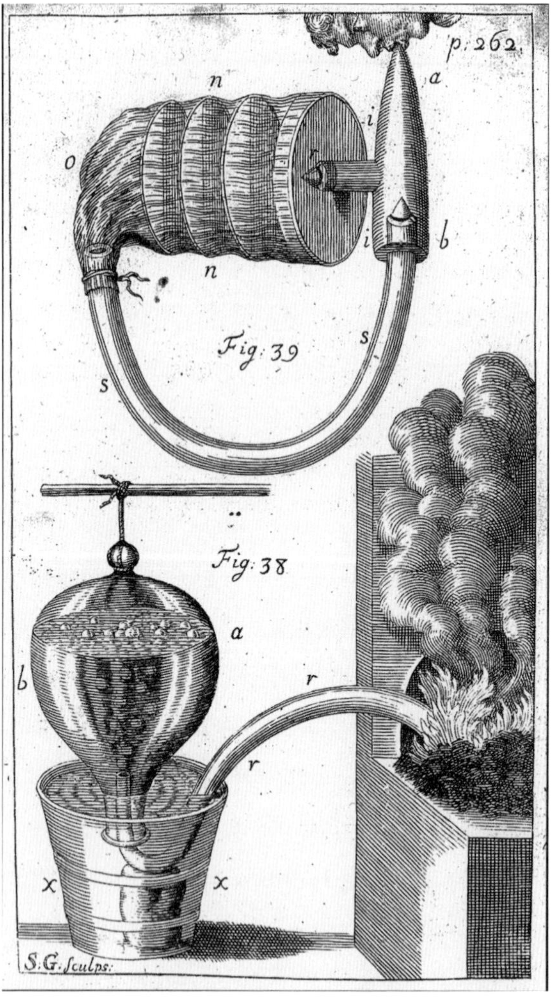

7. 스테판 헤일스의 『식물 정역학』에는 견고한 본체 안에서 기체를 세척하고 모으는 기구의 삽화가 있다.

지 못했다는 것을 알 수 있다) 그의 '공압 수조'가 18세기 후반에 다양한 기체 생성물을 구별하게 되는 진입점이 된 것은 확실하다. 한동안 그의 연구는 아리스토텔레스의 4원소설 개념을 되살리는 것처럼 보였다. 헬몬트의 버드나무 실험처럼, 헤일스의 연구도 충분한 결과를 얻기 힘든 실험에 기반을 두고 있었다. (그림 7 참조)

헤일스 시대의 실험학자들은 연소를 플로지스톤 이론의 관점에서 해석했다. 이 이론은 게오르크 슈탈(Georg Stahl, 1660-1734)이라는 독일 화학자의 연구로부터 출발해 프랑스와 영국의 자연철학자들에게 소개되었다. 슈탈의 광범위한 이론은 독일의 연금술사이자 사업가인 슈탈의 스승 요한 베허(Johann Becher, 1635-82)가 1669년에 제안한 물질의 구성 이론을 발전시킨 것이었다. (그림 8 참조) 헬몬트와는 달리 베허는 물이 유일한 원소가 아니며, 광물 또한 세 종류의 흙에서 생성된다고 주장했다. 이 흙 중 하나는 기름기와 황이 많았는데, 그는 이 물질을 **플로지스톤**(phlogiston)이라고 불렀다. 그는 이 흙이 연소와 가연성의 원인이라고 설명했다.

슈탈은 이 개념을 더욱 발전시켰고, 금속의 하소[5]는 가열된 금속에서 플로지스톤이 대기로 방출되며 일어난 현상이라고 가정했다. 그리고 방출된 플로지스톤은 식물, 동물, 그리고 광물을 구성하는 데에 재사용된다고 했다. 목재나 동물의 뼈에

8. 게오르그 에른스트 슈탈. 할레대학교의 의학과와 화학과 교수였다. 그는 요하임 베허의 저서 『지하 세계의 물리*Physica Subterranea*』(라이프치히, 1703)의 개정판을 만들며 플로지스톤 이론으로 알려진 연소 이론을 발전시켰다.

서 나온 숯처럼, 플로지스톤에 풍부하게 들어 있는 또다른 물질과 함께 칼크스(금속재, 금속보다는 단순한 물체)를 가열함으로써 하소 과정은 뒤집힐 수도 있었다. 그는 이미 고화학자들에게 익숙한 가역적 이동(전이) 물질 대부분을 열거했다. 반면 유기적이며 생명의 원리가 작동하는 식물과 동물의 왕국에서는 이러한 반전 현상이 뚜렷하지 않다고 언급했다.

슈탈에게 있어서 플로지스톤은 연소뿐만 아니라 금속성, 산성, 알칼리성, 꽃의 색과 향기, 화학적 반응성 및 합성에 대해서도 설명이 가능한 이론이었다. 이 이론은 1730년대 프랑스 화학자들에게 알려져 채택되었고, 그 이후로 영국과 스칸디나비아의 약사들과 화학자들에게 받아들여졌다.

연소, 합성, 그리고 언어

화학 혁명은 단지 개념상에 그치지 않고 실제로 도움이 되었는데, 정확한 저울과 유리 기구, 그리고 유디오미터(공기 순도 측정기) 등을 사용해 기체를 만들거나 중량을 재고 가늠할 수 있는 실질적 능력을 포괄했다. 원소들과 물질 구성에 대한 당시 사람들의 관점을 바꾸고 화학자들이 서로 소통하는 방식을 재정비한 화학자는 프랑스 공무원 앙투안 라부아지에(Antoine Lavoisier, 1743-94)였다.

그와 동시대를 살았던 영국인인 헨리 캐번디시(Henry Cavendish, 1731-1810)와 조지프 프리스틀리(Joseph Priestley, 1733-1804)에 비교하자면, 라부아지에에게 있어서 화학은 순전히 위원회와 세무서에서 근무하는 날 이른 아침 시간을 활용해 연구하는 시간제 부업인 셈이었다. 라부아지에는 어린 아내의 도움을 많이 받았는데, 그녀는 그의 연구를 기록하고 실험 기구의 밑그림을 그렸으며, 보도 자료를 위해 그의 논문을 정리하고 그가 읽을 수 있도록 외국 연구 논문들을 번역했다.

1772년, 라부아지에는 공기 중에서 금속이 연소되었을 때 금속의 무게가 감소하는 대신 오히려 증가한 경우가 있었기에 무엇(플로지스톤)인가 손실된다고 제안한 플로지스톤 이론이 미심쩍다고 지적했다. 이 현상은 처음 관찰된 것이 아니었으나 이러한 예외적 현상은 프랑스 디종의 한 변호사의 연구로 두드러지게 강조되었다.

1772년 봄, 라부아지에는 루이베르나르 기통 드 모르보(Louis-Bernard Guyton de Morveau, 1737-1816)의 플로지스톤에 대한 논문을 읽었다. 기통은 훌륭하게 설계된 실험과 연구를 통해 그가 실험한 모든 금속이 공기 중에서 고온으로 가열되었을 때 무게가 증가한다는 것을 보여주었다. 그리고 그는 여전히 연소성이 플로지스톤의 손실에 의해 발생한다고 믿었기 때문에 플로지스톤이 너무 가벼워서 플로지스톤이 갇혀 있었던 금속 몸체가 '부풀려졌다'고 여겼다.

라부아지에를 포함한 대부분의 프랑스 과학 아카데미 회원들은 기통의 설명이 터무니없다고 생각했고, 라부아지에는 더 신빙성 있는 헤일스의 설명을 읽고 바로 추론했다. 라부아지에의 의견은 연소 과정 동안 기체가 금속에 '고정'되고 금속에 갇힌 공기로 인해 무게가 증가했다는 것이다. 추론에 이어 헤일스의 초기 실험에서 제시된 것처럼 금속의 재(금속산화물)가 분해될 때 '고정된 공기'가 방출된다고 주장했다.

라부아지에는 1772년 10월 아카데미가 소유한 태양열로 가열하는 대형 거울을 이용해 이런 사실을 확인했다. 리사지(litharge, 납의 산화물)를 숯과 함께 태웠을 때 실제로 상당한 양의 '공기'가 방출되었던 것이다. 하지만 라부아지에 역시 여전히 그와 동시대를 살고 있던 영국 화학자들이 다양한 종류의 기체가 화학반응으로 생성된다는 것을 보여주었다는 사실을 인지하지 못하고 있었다.

그보다 10년 전 스코틀랜드에서 조지프 블랙(Joseph Black, 1728-99)은 우리가 탄산염(예를 들어 탄산마그네슘)이라고 부르는 물질이 일반 대기와는 물리적, 화학적 성질이 근본적으로 다른 고정 공기(fixed air, 이산화탄소의 오래된 명칭)를 함유하고 있다는 것을 증명하는 데 성공했다. 일반 대기와 달리,

고정 공기는 석회수를 우유처럼 탁하게 만들었고 연소에는 도움이 되지 않았다. 수년 후, 헨리 캐번디시는 철을 희석한 황산 용액에 반응해 만든 가벼운 인화성 공기(수소)의 특성을 연구했다. 이러한 실험들은 유일신론자인 성직자 조지프 프리스틀리가 이룬 눈부신 화학 산업의 촉진제가 되었다. 프리스틀리는 1770년과 1800년 사이에 20여 개의 새로운 기체를 만들고 구별했는데, 여기에는 (우리가 사용하는 전문 화학 용어로) 황 및 질소 산화물, 일산화탄소, 염화수소, 산소 등이 포함된다.

결과적으로, 비록 1772년 당시에는 라부아지에가 이런 기체의 발견 사실을 거의 알지 못하고 있었기는 하나, 대기 중 공기는 복잡한 혼합물이며 공기만으로 연소가 발생한다고 주장하기에는 충분하지 않다는 증거가 이미 상당 부분 존재하고 있었다. 라부아지에는 곧 자신의 화학적 무지를 깨달았고, 그가 말하는 '물리와 화학의 혁명'을 일으키려는 확고한 의도를 가지고 화학의 역사를 연구하는 데 1년여를 보냈다. 그는 17세기 중반 이후 화학자들이 기체에 대해 말했던 모든 것을 읽고 특히 신중하게 그들의 실험을 반복했다. 아이러니하게도, 그의 생각을 명확히 하기는커녕, 새롭게 기체화학에 매료되면서 금속의 가연성과 무게의 증가를 일으키는 원인이 조지프 블랙이 주장한 대기 중의 고정 공기(이산화탄소)라고 믿는 지경까지 이르렀다.

두 가지 사건이 라부아지에의 생각을 바꾸는 데 강하게 작용했다. 첫째로, 그는 수은의 칼크스(금속산화물)가 가열되면 다른 금속에서는 필요했던 숯을 사용하지 않고도 금속 수은으로 바로 분리된다는 것을 알게 되었다. 이때는 고정 공기가 방출되지 않았다. 그렇다면 어떻게 플로지스톤 이론이 성립할 수 있을까? 여기에는 숯에 함유된 것으로 추정되는 플로지스톤의 도움 없이도 금속을 재생하는 칼크스가 있었던 것이다.

똑같은 현상이 프리스틀리의 주의를 끌었다. 1774년 8월, 그는 밀폐된 용기에 수은 금속재를 가열하고 새로운 기체를 수집했는데, 곧 이 기체가 일반 공기보다 연소를 잘 일으킨다는 것을 알게 되었다. 그래서 그는 이 기체를 '탈플로지스톤 공기'라고 불렀다. 프리스틀리는 그해 가을 파리를 방문했을 때 이 같은 사실을 라부아지에에게 직접 알렸다. 프리스틀리의 실험을 재현한 라부아지에는 자신의 생각을 바꾸었다.

1775년 3월, 라부아지에는 프랑스 과학 아카데미에 '하소 과정에서 금속과 결합하고 중량을 증가시키는 원소'는 '순수한 공기'이며 공기의 어떤 특별한 구성 요소는 아니라고 발표했다. 당시 라부아지에는 여전히 혼란스러웠음이 분명했다. 이 견해는 몇 달 후 프리스틀리에 의해 정정되어져야만 했다. 그리고 이 일은 라부아지에가 새로운 이론을 만들어내도록 자극하는 사건이 되었다. 그는 1778년에 이렇게 회고했다.

하소 과정에서 금속들과 결합하는 요소, 즉 금속의 중량을 증가시키면서 칼크스를 구성하는 요소는 우리가 숨쉬는 공기 중에서 가장 건강에 좋고 순수한 부분이다. 이 요소는 금속과 결합한 이후에도 다시 자유로워질 수 있는데, 동물이 호흡하기에 아주 좋은 조건을 지닌 물질임이 명백하고 발화 및 연소를 유지하는 데 있어서도 일반 대기보다 더 적합하다.

이렇게 '호흡하기에 아주 좋은 공기'가 탄소를 태워 약산인 이산화탄소를 만들기 때문에 라부아지에는 이 새로운 기체를 '산소(oxygen)'라고 불렀는데, 이 용어는 '산을 형성하는 물질'이라는 뜻이다. 이렇게 1770년대 후반으로 접어들며 라부아지에의 화학 혁명은 절반을 지났다. 산소 기체는 열(라부아지에는 '칼로릭(caloric)'이라고 불렀다)을 포함한 원소였고, 이 열이 산소를 기체 상태로 유지했다. 다른 말로 하자면, 라부아지에는 열(칼로릭)을 물질의 화학적 종류를 바꾸지 않고 단지 물질의 물리적 상태만을 변화시키는 어떤 것으로 재정의했으며 연소가 일어나는 동안 물체에서 방출된 물질로는 여기지 않았다.

금속과 비금속을 반응시키자 열이 방출되었고 산소 원소는 물질과 결합해 무게를 증가시켰다. 동물의 호흡에서 산소는 음식물에 들어 있는 탄소를 태워 이산화탄소를 만들고 날숨으로 방출했다. 이때 방출되는 열은 동물이 체온을 유지하는 원천으로 해석되었다. 라부아지에와 그의 동향인 동료 수리물리학자 시몽 라플라스(Simon Laplace)는 1783년에 실험용 돼지가 들이쉰 산소의 양과 돼지를 둘러싼 얼음이 체온에 녹은 물의 양을 측정해 이 가설을 정량적으로 증명했다. 이 실험용 돼지에서 '기니피그(guinea pig, 실험 재료라는 뜻)'라는 용어가 유래되었다. 그는 호흡의 정체가 느린 형태의 연소라고 결론을 내렸다. 공기 중 호흡에 적합하지 않은 부분(후에 질소로 알려졌고 프랑스에서 아조토(azote)로 불렸다)은 아무런 변화 없이 밖으로 배출되었다.

표면적으로는 라부아지에가 플로지스톤의 성질을 단지 산소 기체로 옮긴 것처럼 보일 수도 있지만, 여기에는 큰 차이가 있었다. 열은 대부분의 화학반응 동안 흡수되거나 방출되었으며 모든 물질에서 확인된 반면에 플로지스톤은 필경 연소되지 않는 물체에는 아예 존재하지 않는 물질로 추정되었다. 물질에 열을 가할 때 물질의 팽창이나 상태 변화가 야기되었는데, 플로지스톤학자들에 의해서는 이에 대해 어떤 주장도 제기되지 않았다. 무엇보다도 열은 온도계로, 산소는 유디오미터로 측정될 수 있는 반면, 플로지스톤은 어떤 기구로도 측정될 수 없었기 때문이다.

골칫거리인 물

라부아지에는 여전히 신중했고 플로지스톤 이론을 바로 단념하지 않았다. 그가 신중했던 것은 무엇보다 금속이 산에 용해되면 가연성 공기(수소)가 방출되는 반면에 칼크스(금속산화물)를 동일한 산으로 처리하면 어떤 기체도 생성되지 않는 이유를 플로지스톤주의자들은 설명할 수 있었기 때문이었다.

물론, 문제는 수분(산소와 수소의 화합물)이었다. 수분은 화학반응에서 너무나 흔하게 존재했기 때문에 수분의 생성을 간과하기 쉬웠을 것이다. 전기 불꽃이 공기와 '인화성 기체(수소)'가 섞인 혼합물을 통과했을 때 생성되는 물의 존재를 처음 알아차린 사람은 프리스틀리였다. 1781년에 그는 이 사실을 캐번디시에게 알렸고 이 실험을 반복한 캐번디시는 1784년에 다음과 같이 기록했다. '인화성 공기와 일반 공기가 적절한 비율에서 폭발하면 거의 모든 인화성 공기와 일반 공기의 1/5 정도가 원래의 모습으로 돌아가지 않고 이슬로 응결되는 것으로 보인다. 이 이슬방울은 평범한 물인 것 같다.' 우리에게는 물이 수소와 산소로 이루어져 있다는 사실이 너무나 당연해서 이것이 얼마나 놀라운 발견이었는지 실감하기 어렵다.

어떻게 두 종류의 기체가 액체로 변환될 수 있다는 말인가?

꼼꼼한 캐번디시는 같은 실험을 통해 응축되지 않은 공기 거품이 여전히 남아 있다고 기록했다고 한다. 이 사실은 나중에 캐번디시의 전기작가에 의해 알려졌다. 스코틀랜드의 화학자 윌리엄 램지(William Ramsay, 1852-1916)는 미확인 비활성 기체가 거품 안에 있다는 것을 보여주며 1894년에 캐번디시의 연구를 전기에서 읽었다고 회상했다. 라부아지에에게 있어 캐번디시의 연구는 물이 원소가 아니라는 증거 그 자체였다. 라플라스의 수학적 도움을 다시 한번 받은 그는 밀폐된 용기에 인화성 공기와 산소를 함께 태우면 물이 합성될 수 있다는 것을 보여주었다. 이러한 이유로 그는 가연성 공기의 이름을 '물을 형성하는 물질'을 뜻하는 수소(hydrogen)로 바꾸었다. 그는 비로소 금속이 산에 용해되어 수소를 만들어낸 반면, 그 금속의 산화물은 용해되지 않은 이유를 설명할 수 있었다. 수소는 (플로지스톤 추종자들이 추측한 것처럼) 금속에서 나온 것이 아니라 산성산화물(酸性酸化物)이 용해된 물에서 나온 것이었다.

새로운 화학

라부아지에는 이제 어휘 사전에서 '플로지스톤'이라는 용어를 제거함으로써 화학의 변혁을 일으킬 수 있는 지위에 섰다. 모든 화학적 현상은 플로지스톤의 도움 없이도 설명할 수 있었기 때문에, 플로지스톤이라는 물질이 존재할 가능성은 매우 낮아 보였다. 그는 다음과 같은 훌륭한 미사여구로 1785년에 출판된 논문을 마무리했다.

> 화학자들이 모호한 원리로 만든 플로지스톤은 엄밀하게 정의되지 않았으며 결과적으로 플로지스톤을 요구하는 모든 설명에 부합했다. 때로는 중량이 있거나 때론 없으며, 때로는 자유로운 불이고 때론 흙과 결합한 불이었다. 때로는 그릇의 작은 구멍을 통과했지만 때로는 관통할 수 없었다. 동시에 플로지스톤은 물질의 부식성과 내부식성, 투명도 및 불투명도, 색상과 색의 부재를 설명했다. 플로지스톤은 어떤 상황에서도 적절하게 변신하는 진정한 프로테우스[6]인 셈이다.

라부아지에는 젊은 조수들과 협업하며 연소와 산도, 호흡 그리고 기타 화학 현상을 이해하는 그의 방식으로 그들의 생각을 점차적으로 바꿔갔다. 그리고 실험과 토론이 가능한 야회(夜會, soirées)를 열어 플로지스톤 개념에 반대하는 헌신적 단체도 자신의 편으로 끌어들였다. 1788년 라부아지에와 그의 동료들은 새로운 화학을 홍보하기 위해 분기별 정기간행물인 〈화학연대기Annales de chimie〉를 창간했다. 10년이 채 되지 않아 기고자들은 새로워진 화학을 당연하게 여겼기 때문에 이 간행물은 라부아지에의 관점을 홍보하는 프랑스의 저널 그 이상이 되었다. 이들 뒤를 이은 편집 위원회는 이 정기간행물을 국제적 중요성을 지닌 유럽 저널로 여겼다.

라부아지에를 따른 세 명의 중요한 전향자는 기통, 클로드루이 베르톨레(Claude-Louis Berthollet, 1748-1822), 그리고 앙투안 푸르크루아(Antoine Fourcroy, 1755-1809)였다. 특히 기통은 화학자들과 약사들이 용어를 일관되지 않게 사용하는 것을 우려했다. 당시까지 물질 이름은 물질이 유래된 장소에 따라 서로 다른 이름이 정해지거나 향, 맛, 색깔 및 용도라는 특성들을 기반으로 정해질 수도 있었다. 1737년에 식물명을 체계화하기 시작한 인물인 스웨덴 자연과학자 칼 린네(Carl Linnaeus)로부터 영감을 받은 기통은 1782년에 화학 용어가 세 가지 원칙에 기반할 것을 제안했다. 첫번째는 물질은 하나의 고정 명칭만 가져야 하며, 두번째는 그 성분이 알려진 (알려지지 않은 어정쩡한 경우에도) 이름에 물질의 구성 성분을 반영해야 한다는 것이다. 마지막으로, 이름은 일반적으로 라틴어와 그리스어의 어근에서 선택해야 한다. 기통이 라부아지에의 새로운 화학으로 전향한 시기는 이 네 사람이 화학 분야에서 새로운 명명법을 만드는 공동작업을 하던 시기였다.

라부아지에는 자신의 화학 분야에서만큼은 용어가 분명하고 뚜렷한 개념을 표현해야 한다고 믿었다. 1787년, 네 명의 화학자가 함께 300페이지에 달하는 명명법 개혁에 관한 설명서를 출판했는데, 그중 3분의 1은 과거 용어를 새로운 용어로 바꾼 용어 사전으로 구성되어 있었다. 가령, '황산의 기름'은 황산이 되었고, 그것의 염은 황산 대신 황산염으로 정했다. '아연의 꽃'은 산화아연이 되었다. 전반적인 명명법은 원소의 이름에 기초했다. 따라서 산소와 황 원소는 결합하는 산소의 양에 따라 아황산 또는 황산 형태로 조합할 수 있었다. 이러한 산 물질이 (이전에 칼크스라고 부른) 금속산화물과 화합하면 아황산염과 황산염이라는 두 가지 염류가 형성되었다.

새로운 용어 역시 플로지스톤화학을 부정하는 수단이었기 때문에, 명명법도 많은 반발을 불러일으켰다. 그럼에도 불구하고, 이 설명서는 여기저기서 빠르게 번역되며 지금까지 이어져 화학의 국제어가 되었다. 라부아지에의 근대 화학에 대한 선전 활동의 마지막 조각은 1789년에 출판된 『화학 원론 *Traité Élémentaire de Chimie*』이라는 교과서였다. 1801년 푸르크루아가 출판한 훨씬 방대하고 보다 전문적인 교과서와 함께, 라부아지에의 교과서는 수십 년 동안 화학 교육의 본보기가 되었다. 그 교과서에서 라부아지에는 화학 원소를 화학적 방법으로 더이상 분해할 수 없는 어떤 물질로 정의했다. 이러한 정의를 통해 그는 나중에 화합물로 판명된 몇 가지를 포함해 약 33가지의 기본 물질을 식별할 수 있었다.

1790년대 중반에 이르러 플로지스톤 반대파가 완전한 승리를 거뒀다. 당시 프리스틀리(1794년 미국으로 이민을 떠났다)와 같은 몇몇 저명한 화학자들만이 플로지스톤을 계속 믿었다. 하지만 당시 일어난 프랑스혁명은 지금까지와는 다른 새로운 화학 분야에 라부아지에의 통찰력을 적용할 가능성마저 끝장냈다. 그는 세무징수국의 일원이었다는 이유로 1794년 5월 8일 단두대에 올랐다.

원자 이론

컴브리아 출신 퀘이커교도였던 한 직조공의 아들로 태어난 존 돌턴(John Dalton, 1766-1844)은 1781년 영국 레이크 지방의 중심부에 있는 켄달(Kendal)로 이사했다. 그는 그곳에서 원자 이론에 대한 그의 생각에 영향을 끼칠 주제인 기상학에 관심을 갖게 되었다. 돌턴이 5년이 넘는 기간 동안 보관한 기록들은 1793년에 『기상학 논평*Meteorological Essay*』으로 출판되었다. 같은 해에 돌턴은 맨체스터로 옮겨 조지프 프리스틀리가 1760년대에 가르쳤던 뉴 칼리지에서 수학과 자연철학의 강사직을 맡았다. 돌턴은 맨체스터가 너무 마음에 들었는지 그

곳에서 여생을 보내기로 결심했다. 맨체스터는 산업의 발달로 인해 중산층이 등장하며 개인 교사를 위한 일자리가 많았을 뿐만 아니라, 돌턴이 1800년에 사무관이 된 후 1817년에 사망할 때까지 회장을 맡았던 맨체스터 문학과 철학 학회가 있어서 그의 과학적 연구 업적을 알리기 편리한 환경을 갖춘 지역이었다.

돌턴은 프리스틀리처럼 화학자보다는 자연철학자로 더 잘 알려져 있다. 보일과 뉴턴의 전통적인 역학을 동경했던 그는 물질이 개별 미립자로 이루어져 있고 인력과 척력을 지닌다고 믿었다. 하지만 그는 물질의 균질성을 강조했던 18세기 물질 이론의 관습에서 벗어났다. 대신, 그는 물질 입자들을 라부아지에가 말한 원소들, 즉 화학적으로 분해할 수 없는 물질로 인정했다. 이렇듯, 비록 돌턴은 원자에 대해 물리학적으로 말하고 생각했지만, 그의 화학적 관점에서의 입자들은 아리스토텔레스 철학자들의 미립자 또는 분자에 훨씬 더 가까웠다. 나아가 라부아지에의 원소들이 수소 중합체라고 추측했던 윌리엄 프라우트(William Prout, 1785-1850)와 같은 몇몇 화학자들과는 달리 원자와 원소를 동일시했던 것은, 돌턴이 화학적 원소들의 존재만큼 수많은 종류의 원자들이 존재함을 인정했다는 것을 의미했다.

돌턴의 이론은 아마도 1790년대에 기체에 대한 그의 기상학적 연구에 기원을 두고 있었을 것이다. 돌턴은 이런 것들이 궁금했다. 만약 수증기가 비와 이슬로 응결하는 것처럼 공기가 수많은 기체로 구성되어 있다면, 이것들은 화학적으로 결합되어 있는 것일까, 아니면 단지 변화 없이 물리적으로 혼합된 것일까? 만약 후자였다면, 어떻게 공기가 수증기, 이산화탄소, 산소, 질소 및 수소의 각각 다른 중량으로 인해 층이 나뉘어져 구성되지 않고 균질하게 혼합된 상태처럼 보이게 존재할까?

돌턴의 독창적인 답은 압력이 부피에 반비례한다는 보일의 법칙을 뉴턴이 유추하게 만들었던 '자기 반발 공기 입자 모델'에 호소하는 것이었다. 하지만 돌턴의 새로운 모델에서는 비록 대기 중 각 기체 입자가 서로 영향을 거의 주지 않았더라도 각각의 기체가 그 자체로 배척적이었다. 이 성질로 인해 혼합과 대기 균질성이 만들어진다는 주장이었다. 비록 그 모델은 훗날 확산 개념과 기체 운동 이론에 의해 수정되었지만, 화학자들은 항상 그 모델을 '돌턴의 분압법칙(Dalton's law of partial pressures)'이라고 불렀다.

라부아지에가 원소들과 열(칼로릭)의 조합 또는 화합물로 기체 상태를 설명했고 열입자조차도 스스로 반발한다고 믿었기 때문에, 돌턴의 대기 모델은 어느 정도 일관성을 보였다. 하지만 원소마다 자체 반발력이 다른 이유와, 그의 맨체스터

친구인 윌리엄 헨리(William Henry)가 지적했듯이 기체마다 물에서 용해성이 다른 이유를 설명하기 위해, 결국 돌턴은 원소마다 원자의 크기가 다르다는 결론을 내려야만 했다. 원자 크기(부피)를 계산하기 위해서는 밀도와 무게를 알아야 했다. 기체의 밀도는 정밀한 저울에서 동일한 부피의 기체를 측정하여 대략 판단할 수 있었지만, 원자량은 원자 결합에 대해 간소하게만 가정한 당시까지의 분석 자료를 토대만으로 계산되어야 했다.

1804년 무렵 돌턴은 원자 크기를 결정하기 위한 장기간의 연구를 통해, 자신이 상대적 원자량을 계산하면서 화학의 새로운 정량적 기초를 만들었다는 것을 깨달았다. 이 정량적 기초는 돌턴의 동의하에 1807년 토머스 톰슨(Thomas Thomson)이 그의 저서 『화학 체계*System of Chemistry*』를 발간하며 처음 세상에 알려졌다. 돌턴은 1808년에 그의 교과서에서 그 이론이 지닌 중요성(함의)을 다뤘다. (그림 9 참조)

1850년대에 이탈리아 화학자 스타니슬라오 칸니차로(Stanislao Cannizzaro, 1826-1910)가 아니었다면 해결되지 못했을 방법론적인 문제들과 20세기에 러더퍼드(Ernest Rutherford)와 소디(Frederick Soddy, 1877-1956)의 연구 결과가 나오기 전까지 해결되지 않았던 이론적인 문제들로 인해 골머리를 앓았음에도 불구하고, 돌턴의 이론은 화학자들에게

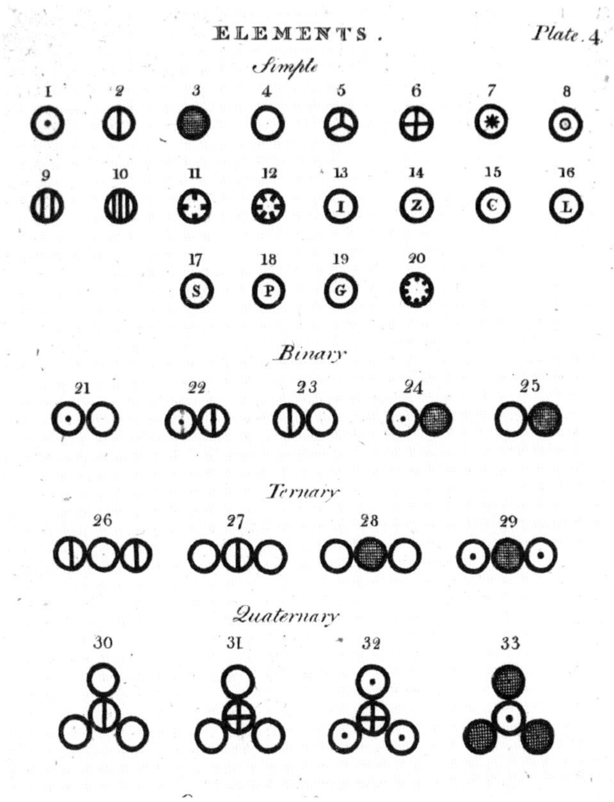

9. 『화학사상의 신체계*New System of Chemical Philosophy*』 1권(런던,1808)으로부터 발췌한 돌턴의 원자 기호 삽화와 캡션.

신선하고 엄청나게 유용한 모델을 제공했다.

돌턴의 독창성은 철학자들이 '형질 도입 혹은 변형(transduction)'이라고 이름 붙인 문제를 해결하는 데 있었다. 즉, 거시적 현상으로부터 보이지 않는 존재를 추론하는 것이다. 1792년에 이미 독일 화학자 베냐민 리히터(Benjamin Richter, 1762-1807)는 산이 염을 형성하기 위해 염기를 중화할 때, 서로 다른 염기의 일정한 양을 중화하기 위해서는 각각 다른 양의 산이 필요하다는 것을 증명했다. 그 양은 제멋대로가 아니었다. 일정한(또는 **동등한**) 산의 질량은 염기의 일정한 질량에만 반응했다.

이것은 일정 비율의 법칙으로 알려지게 되었고, 비록 베르톨레가 반응물의 농도는 가변적인 비율로 나온다고 주장했지만, 그 당시 스페인 출신 조제프 프루스트(Joseph Proust, 1754-1826)가 소규모로 운영되던 화학회를 납득시키기 위해 일정 비율에 관련한 설득력 있는 증거를 충분히 제공했다. (베르톨레의 주장도 중요했지만 어쨌거나 이 논제가 질량 작용의 법칙[7]으로 발전하기까지는 이후 50년이 더 걸렸다.)

돌턴이 관찰했던 것처럼 일정 비율과 당량(등가) 무게는 물질이 연속적인 것이 아니며 물질의 궁극적 입자들이 일정한 규칙에 의해 결합하고 있다는 것을 암시했다. 돌턴은 이 사실을 알고 실험실에서 수행한 관찰과 측정 결과를 토대로 궁극적인 화학적 입자의 상대적 질량을 계산하는 방법을 찾아냈다.

이러한 화학적 측정에 대한 계산법을 만들기 위해서 돌턴은 필경 원자들이 어떤 방법으로 결합해 화합물 형태의 원자들을 형성하는지, 그러니까 그가 '화학적 합성'이라고 이름 붙인 과정과 관련해 수많은 단순한 가정을 세워야 했을 것이다. 가장 단순하게는, 두 원소를 가지고 단지 한 가지의 조합만을 얻는 경우, 그는 달리 가정할 이유가 없는 한, 그것이 **이성분** 결합체(binary combination)여야 한다고 생각했다. 다시 말해, 비록 두 물질 A와 B가 결합해 A_2B_2 형태를 형성할 수도 있었지만, 일반적으로 AB를 형성한다고 가정하는 것이 더 간단하다고 본 것이다.

가령 물의 경우, 1815년 이전 과산화수소가 알려지지 않았을 시기에 라부아지에가 분석한 물은 산소 중량 비율 87.4가 12.6 비율의 수소와 결합했음을 보여줬다. 따라서 이성분 화합물이라고 가정한다면 H:O::12.6:87.4는 물 분자를 구성하는 수소 및 산소 원자의 개별 원자량 비율이어야 했다. 수소가 가장 가벼운 물질이었기 때문에, 돌턴은 수소를 원자량의 표준으로 삼아야 한다고 주장했다. 따라서, 만약 수소의 원자량을 하나의 기본 단위로 보면, 산소의 상대 원자량은 대략 7이 된다. 물의 분석 연구는 개선되었고 바로 산소의 원자량을

8로 올렸다.

기존에 출간된 연구들의 방대한 자료를 이용해서, 돌턴은 상대적 원자량의 장대한 목록을 확립할 수 있었다. 그는 1803년과 1804년 사이에 이 결과를 맨체스터에서 처음으로 공개했다. 아이러니하게도, 1800년대 초에 전기 분해법이 출현한 결과 두 명의 영국 연구자인 니콜슨(Nicholson)과 칼라일(Carlisle)은 전류가 산성화된 물을 통과할 때 두 부피(volume)의 수소와 함께 단지 한 부피의 산소만이 방출된다는 것을 이미 증명해 보였다. 물이 H_2O로 더 잘 표현된다는 사실이 돌턴의 동료인 스웨덴 화학자 베르셀리우스(Jöns Berzelius, 1779-1848)에게 어떤 계기가 된 것처럼, 돌턴에게도 어떤 동기를 주었을지도 모른다. 그래도 돌턴은 그의 가장 단순한 무기를 고수했다.

1787년의 프랑스 명명학자들은 화학물질들이 기하학적인 패턴으로 표현될 수 있는 다양한 방법에 주목했다. 하지만, 이 시도가 비록 연금술사보다 더 간단하고 체계적인 표기법을 만들기 위한 것이었음에도, 그들이 만든 기호는 인쇄물로 재현하기 불편했고 결국 확고히 정립되지 못했다. 인쇄의 어려움 역시 돌턴의 원소 표현을 방해한 요인이었다. 그는 주로 원소의 기호 본체에 원을 많이 사용했는데, 거기에 단지 수평과 수직선, 그리고 명암을 넣거나 원 안에 알파벳 문자를 배치하는 식으로 원소 기호를 구분했다. 이 기호는 그리기도 쉬웠고 둥근 원자의 구체적인 2차원적 묘사도 제공했지만 인쇄하기가 곤란하다는 것이 판명되었으며(특히 다원자 분자의 경우 더 심했다) 보편적인 용도로는 한 번도 사용되지 않았다.

1813년에 옌스 베르셀리우스는 새로운 표기법을 소개했고, 그로 인해 원소는 라틴어 이름의 첫 글자로 표기되었으며 원소들끼리 혼돈될 수 있는 경우에는 두 개의 문자를 사용했다. H는 수소(hydrogen), K는 포타슘(칼륨(kalium)), C는 탄소(carbon)라는 식이다. 하지만 구리의 경우 첫 글자만으로는 탄소와 혼동되므로 Cu(큐프럼(cuprum)에서 유래)를 사용했다. 베르셀리우스의 기호는 화합물을 나타내기 위해 대수학적으로 쉽게 배열될 수 있었고 1830년대 중반 이후 화학자들 또한 방정식으로 반응 과정을 표현하기 시작하면서 보편적 표현 방식으로 이 기호를 채택했다.

원자는 쪼개질까?

돌턴은 그의 단순한 규칙들이 지닌 무리한 특성을 잘 알고 있었다. 1810년에 출판된 『화학사상의 신체계』의 두번째 장에서 그는 물이 세 개의 원자로 만들어진 화합물일 수도 있다고 했는데, 이 경우에 산소는 수소보다 16배 더 무거워야 했을 것이다. 한편 산소 원자 두 개가 수소 한 개와 결합되었다면, 산소의 원자 무게는 4가 될 것[8]이다. 이런 불확실성은 이후 50년 동안 화학자들을 괴롭혔다.

그런데 돌턴은 왜 1808년에 만들어진 게이뤼삭의 기체 반응 법칙(Gay-Lussac's law of combining volumes)을 활용하지 않았을까? 돌턴은 이 문제에서 이 프랑스인이 만든 법칙을 거부했다. 만약 동일한 온도와 압력에서 같은 부피의 기체는 동일한 수(n)의 입자들이 있어야 한다는 게이뤼삭의 법칙대로라면 기체를 구성하는 원자 일부가 '분리'되어야 했는데, 이는 원자가 더이상 쪼개질 수 없다는 자신의 이론과 배척되었기 때문이다.

2 부피 수소 +1 부피 산소 = 2 부피 물

2nH 수소 입자 + 1nO 입자 ≠ 2nHO 입자

이렇게 반응식에서 볼 수 있듯 산소 원자는 두 부피를 차지하는 두 개의 물 입자를 생성하기 위해 쪼개져야 한다.[9] 돌턴은 자기 배척의 성질을 띠게 만든 열 대기로 둘러싸인 원자를 구상했기에 이러한 원자 분열을 더욱 받아들일 수 없었다. 그에게는 두 개의 자기 배척적인 입자를 결합할 방법이 없었기 때문에, 게이뤼삭의 법칙이 요구하는 원자 분열의 유형은 명백하게 불가능해 보였다.

돌턴의 관점은 1813년 베르셀리우스에 의해 소개된 전기화학적 결합 이론에 의해 보강되었다. (4장) 전기를 띤 전하는 반발력이 있는 것처럼 보였기 때문에 원자 분열은 믿기 어려웠다. 1858년 칸니차로의 시대가 되어서야 분자종(molecular species)에 관한 이 난제를 해결할 수 있었다. 이를 해결한 비결은 분자를 유지하는 것이 무엇인지 질문하는 것이 아니었다. 그 대신, 화학적이고 물리적인 증거(역학 이론)로 일반적인 원소 기체의 대부분은 2원자라는 것을 그냥 인정하는 것이었다.

베르셀리우스 역시 부피 원자의 개념을 소개했다. 원자들이 차지하는 부피는 기체 종류와 상관없이 모두 동일하다는 가정하에, 물은 두 부피 분량의 수소와 한 분량의 산소로 구성되었기 때문에 그는 물의 화학식은 H_2O라는 결론에 도달했다. 마찬가지로 그는 돌턴의 화학식 HO와 NH에 반박하며 암모니아의 화학식을 NH_3로 정했다. 이런 이유로 그의 원자량은 돌턴의 원자량과 근본적으로 달랐다. 심지어 그는 돌턴의 1이라는 수소 표준 원자량보다는 오히려 상대적인 원자량 기준으로 산소의 원자량인 16을 (때로는 100까지도) 표준으로 사용했기 때문에 이후로는 더욱 달라졌다.

베르셀리우스는 정확한 원자량을 결정하는 것이 화학적 연구의 가장 중요한 목적이고 '쉼없는 연구'의 유일한 가치라고 주장했으며 삶의 대부분을 이 연구에 바쳤다. 그러나 정확성을 중시했음에도 불구하고, 그가 정한 원자량의 대부분이 부정확한 것으로 밝혀졌다. 평상시에 그가 산화물을 가지고 연구해야 했기 때문이다. 가령, 그는 두 종류의 철산화물에서 동일한 양의 철과 결합된 산소(16)의 양이 2:3의 비율임을 발견했다. 이 결과로부터 그는 산화철의 화학식이 나중에 알려진 FeO와 Fe_2O_3가 아니라 FeO_2와 FeO_3라고 생각했다. 결과적으로 베르셀리우스가 주장한 철의 원자량은 수십 년 후 결정된 값의 두 배였던 셈이다.

화학 혁명은 무엇이었나

혁명, 특히 정치적 격변 속에 놓인 혁명에 대해 쓴다는 것은 흥미진진한 일이다. 하지만 화학 혁명의 경우에 역사학자들은 화학 혁명이 오랜 시간에 걸쳐 일어났고 실용화학자들이 물질 변화에 대한 수리 물리학자들의 접근을 거부해왔다는 사실을 간과했을지도 모른다.

역사학자들은 보일과 뉴턴의 접근방식을 화학 변화의 풍부하고 불가사의한 본질을 무시했다는 점에서 지나친 환원주의적 방식이라고 보았다. 프랑스 역사학자 사샤 토믹(Sacha Tomic)의 말에 따르면, 화학을 물질 그 자체의 본질보다는 '물질의 성질은 물론 기술적 용도에 따라 달라지는 물질의 작용, 분리, 결합'을 수반하는 행위로 봐야 한다. 미국의 역사학자 빅터 보앙짜는 보일부터 라부아지에까지 이어지는 이른바 '지루하게 끌어왔던 화학 혁명'을 물리학과 화학이라는 두 학문의 인식 충돌로 보고 있다. 그런 관점에서 볼 때, 라부아지에의 접근법에 대한 플로지스톤 추종자들의 저항은 물리학적 연구 방식에 대한 저항으로 화학을 고수하려 했다고 보일 수 있다.

플로지스톤에 반대하는 학자들이 논쟁에서 승리했음에도 불구하고, 물리학자들이 그들의 과학 이론으로 개입하려는 것에 대한 화학자들의 반대는 19세기와 20세기 동안 지속되었고 심지어 오늘날에도 화학이 물리학으로 정리될 수 있다는 주장을 화학자들이 거부하면서 계속되고 있다. 더불어 화학 혁명은 직업적 전문화와 새로운 교육기관과 진로와 학술지의 창설의 관점에서 해석될 수 있다. 정부(특히 프랑스 정부) 역시 고등교육과 자격 검증 제도를 계획했기에 국가의 역할을 무시할 수 없다.

그러므로 라부아지에의 새로운 화학은 혁명이라기보다는 오히려 진화 과정의 정점이었다고 주장하는 것이 전적으로 타당하다. 이러한 역사 기록학적 쟁점은 존 매커보이(John G. McEvoy)가 세련된 접근방식을 채택함으로써 훌륭하게 해결되었다. 그는 현대 화학의 구축에 있어서 이론적 사회적 요인과 제도상 요소 간에 동일한 비중과 상호 연관성을 제공하는 다원적 접근방식을 주장했다.

만약 라부아지에가 살아 있었다면, 식물과 동물 화학에 매커보이의 새로운 접근방식을 적용했을 것이다. 매커보이의 방식은 분명 라부아지에의 많은 제자가 따랐던 접근법이자 우리가 현재 나아갈 수 있는 방향이다.

제 4 장

유형과 육각형

최근 몇 년간 화학사 학자들은 화학 혁명 기간 동안 화학자들과 약사들 간의 역할 변화와 1830년대에 학문 분야로 등장한 유기화학과의 관계를 강조해왔다.

공교육 총괄국장으로서 프랑스의 과학을 국가의 통제하에 두는 데 많은 일을 했던 앙투안 푸르크루아는 라부아지에로부터 약학 교육을 받은 제자였다. 푸르크루아는 동식물이 보편적으로 탄소, 수소, 산소, 질소, 그리고 경우에 따라 황과 인 같은 몇 가지 원소들만을 포함하고 있다고 여겼다. 그리고 그는 여기에서 추출할 수 있는 다양한 화합물이 매우 많다는 것을 알아낸 최초의 화학자였다.

그럼에도 푸르크루아는 식물학과 동물학적 화학을 논하는

대신 화학을 무기(inorganic)와 유기(organic)라는 광대한 두 분야로 나누었다. 유기라는 용어는 1830년대까지 생명체에서 추출된 물질을 지칭해왔다. 하지만, 그 무렵 화학자들은 생명체에서 추출할 수 있는 물질의 수많은 유도체를 만들어냈고 (그 중간 유도체 물질 중에는 생명계에는 존재하지 않는 것도 있었다) 유기화학이라는 용어는 보다 확장된 의미를 지니기 시작했다. 하지만 1858년에야 비로소 독일의 화학자 프리드리히 케쿨레가 유기화학을 탄소 화합물의 화학이라고 정의내렸다.

19세기의 화학자들은 원자를 제시하며 화학을 학술적이고 산업적으로 중요한 학문 분야로 만드는 데에 원자와 분자 모델을 사용했다. '이론 화학'과 화학자들이 상상한 분자의 세계가 그들의 연구와 발전에 도움이 될 것이라고 여겼다.

리비히의 업적

파리에서 공부한 독일 화학자 유스투스 폰 리비히의 이력은 화학의 대중화뿐만 아니라 교육 분야에서의 혁명과 유기화학, 그리고 무엇보다도 농업, 생리학, 의학, 영양학 그리고 산업 분야에 화학을 적용한 중대한 업적을 아우른다.

리비히가 명성을 얻은 것은 그가 놀랍도록 새로운 화학적

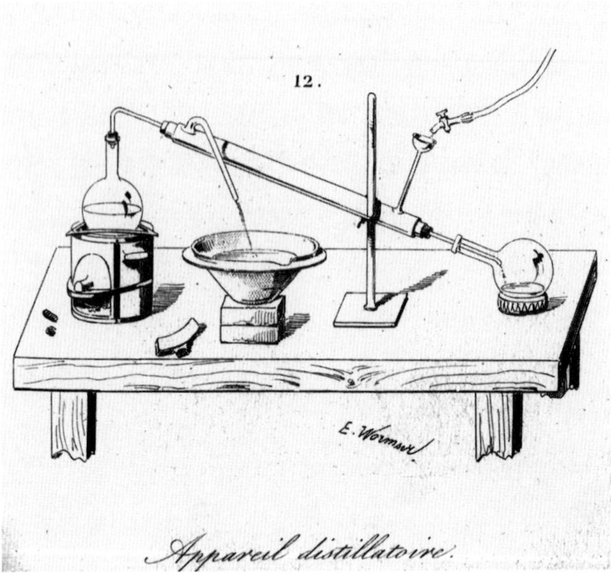

10. 수냉식 응축기 발명은 일반적으로 리비히의 업적으로 알려져 있다. 왜냐하면 그가 기센에서 이 기구를 폭넓게 사용했기 때문이다.

발견을 많이 했기 때문만은 아니다. (그림 10 참조) 그의 괴팅겐 출신 친구 프리드리히 뵐러(Friedrich Wöhler, 1800-82)와 함께 반응물과 생성물의 화합물을 조사하고 처리하여 분석 결과를 이해하는 데 이 베르셀리우스식 화학 기호를 사용하는 것이 가능하다는 사실을 증명한 덕이 크다.

논문에서 화학 기호를 능숙하게 다루는 일은 당시 대학에서 수십 년 동안 구두시험을 치르다 필기시험을 도입한 것만큼이나 중대한 사안이었다. 독일의 역사학자 우르줄라 클라인(Ursula Klein)이 보여주었듯이, 1830년대에는 유기 화합물을 구분하고 식별하고 분류하는 새로운 방법들이 만들어졌는데, 그중 으뜸은 전혀 알려지지 않은 일련의 새로운 유도체의 구조를 이해하기 위해 베르셀리우스의 화학식을 논문에 활용한 것이었다.

리비히와 뵐러, 그리고 동시대 인물인 프랑스의 장바티스트 뒤마(Jean-Baptiste Dumas, 1800-84)는 이 방면에 뛰어났는데, 그들은 소위 칼리구(Kaliapparat, 공 모양의 탄산칼륨 수집 기구)로 불리는 기구의 사용으로 정교하게 유기물질을 분석하는 데 큰 도움을 받았다. 이 기구는 식물의 알칼로이드 성분을 알아내려고 리비히가 1830년에 개발한 것이다. 21세기에도 이러한 중량 측정 실험이 재현되는 것은 탄소, 수소, 산소 함량에 대한 리비히의 실험 결과가 얼마나 정확했는지를 역사학자들에게 보여준다(그러나 당시 질소 함량이 민감한 문제로 남기는 했다).

리비히와 뵐러는 1826년에 처음 만났는데, 당시 그들은 동일한 구성으로 보이는 뵐러의 시안산은(silver cyanate, AgNCO)과 리비히의 뇌산은(silver fulminate, AgCNO)을 두고 의견 차이를 조율했다. 그들은 두 개의 은염이 탄소, 수소, 산소, 그리고 질소 원소 사이에 다른 조합 방식(구조 이성질체)을 가진 주목할 만한 사례임에 동의했다.

1830년에 베르셀리우스는 동일한 원소들이 동일한 비율로 구성되어 있음에도 알려지지 않은 서로 다른 물리적 배열로 구성된 유기 화합물이 존재하고, 이들의 화학 및 물리적 특성이 매우 다른 이 놀라운 현상을 설명하기 위해 **이성질 현상**(isomerism)이라는 용어를 만들었다. 뵐러는 1828년에 시안산은과 염화암모늄을 반응해 만든 생성물이 (그가 기대했던 시안산암모늄이 아닌) '유기' 화합물 요소(urea)임을 보여줌으로써 또다른 놀라운 사례를 제시했다.

후대의 화학자 겸 역사학자들은 뵐러의 유기 화합물 '합성'을 화학에서 생기론을 파괴하는 행위로 보았다. 하지만, 지금 이 실험은 화학의 흥미로운 도약점을 제공하기 위해 후대 화학자들이 꾸민 탄생 신화로 해석되고 있다. 사실, 시안화암모늄과 요소 사이의 이성질 현상에 대한 뵐러의 발견은, 당시 동식물에서 추출한 유기 화합물이 생명의 창조 같은 화학 지식 너머에 있는 어떤 통제력하에 있다는 견해를 폐지하는 데 별다른 도움이 되지 않았기 때문이다.

그 대신, 생기력은 합성 유기화학의 발달로 점차 소멸되었다. 이성질 현상은 이후 여러 세대의 화학자에 의해 만들어진 수백만 개의 황홀하고 다양한 유기 화합물을 이해하고 (단순화시키는) 기본 개념이 되었고 이는 지금까지도 이어지고 있다. 리비히와 뵐러가 1832년에 제대로 묘사했듯이, 이러한 물질의 명확한 개념과 구조가 만들어지지 않았다면 유기화학은 오랫동안 '어두운 숲'에 남겨져 있었을 것이다.

칼리구를 사용한 빠르고 정확한 유기물 중량 분석 방법의 발전은 (무기화학과 대조적으로) 유기화학의 폭발에 방아쇠 역할을 했다. 이론화학과 정밀 성분 분석이라는 두 과학기술은 식물화학과 동물화학이라는 관습을 거부함으로써 탄소화학이라는 새로운 분야를 만들었으며, 이후 '화학적 형태'라는 용어가 된 공통 원자 집단이나 라디칼의 측면에서 화학자들이 분석 결과를 분류하고 해석할 수 있게 해주었다.

기센의 모델

무기화학 분석의 완성과 그 확산에 있어서 리비히의 공헌을 과소평가해서는 안 된다. 광물학적 구성을 알기 위한 시험들로 이어진 긴 역사적 전통을 바탕으로, 그는 기센대학교에서 체계적인 무기물 분석 방법을 가르쳤으며 이는 카를 프레세니우스(Carl Fresenius, 1818-97)와 하인리히 빌(Heinrich Will, 1812-90)과 같은 제자와 조교 들이 논문으로 출판했다. (프레세니우스는 독일의 비스바덴에 분석화학 학교를 세웠고 그 명성은 오늘날까지 이어진다.)

이러한 체계적인 원자단 구별 방법(습식 정성 및 정량 분석법)은 1950년대에 실용화학을 공부하는 대부분의 학생들에게 교육되었다. 리비히가 젊은 나이에 얻은 명성과 지위는 이러한 무기 및 유기화학 분석 방법을 체계적으로 가르치면서 생겨난 것이다. 그는 다수의 약대생을 시작으로 기센대학교에 국제적으로 화학과 학생들을 유치하였고 1824년 교수로 임용되었다. 그는 1835년부터 뮌헨으로 떠난 1852년까지 동식물 생명계의 화학을 탐구하며 배양 시설을 갖춘 실험 중심의 연구소 구축에 관여했다. '기센의 모델'이 급속하게 광범위하게 퍼져나갔기 때문에, 이 연구소가 향후 연구형 대학의 모델이었는지가 커다란 역사적 관심의 대상이 되었다.

불한당이 된 두 명의 프랑스인

샤를 게르하르트(Charles Gerhardt, 1816-56)는 프랑스 스트라스부르(Strasbourg)에서 그의 아버지가 운영하던 가내 백연 공장을 이어받기 위해 훈련과 교육을 받았다. 하지만 화학에 깊게 매료되어 아버지의 뜻을 거스르고 기센대학교의 리비히와 파리의 뒤마의 제자로 들어가 석사과정을 밟았다. 학위를 따고 프랑스 남부 도시인 몽펠리에(Montpellier)에서 교수가 되었지만, 지방도시의 열악한 시설에 넌더리가 나서 1851년에 그만두었다. 그는 파리로 다시 돌아와 화학 학교를 만들어 개인교습으로 생계를 꾸렸다. 이후 그의 고향인 스트라스부르에 있는 대학의 교수로 임명된 후 2년이 채 지나지 않아 요절하는 비극을 맞았다.

1844년 이후 게르하르트는 또다른 반항적인 성격의 화학자인 오귀스트 로랑(Auguste Laurent, 1808-53)과 가까운 친구가 되었다. 그는 파리에서 뒤마의 제자로 화학을 공부했으며 보르도에서 교사로 일하기 전까지 도자기 공장에서 일했다. 1846년, 그 역시 보르도대학교의 열악한 시설에 질겁했고 이후 게르하르트가 설립한 파리의 사설 학교에 합류하여 유기화학 개혁에 대한 생각을 공유했다. 그들의 전 스승이었던 뒤마가 보수적인 화학적 관념과 기득권층을 대변했기 때문에 두 사람 모두 스승을 존경하지 않았다. 두 사람 모두 상대에 대한 배려 없이 논쟁하는 것을 좋아했지만, 그들은 논쟁을 통해 당시 유기화학자들이 그들의 난해한 주제를 다루던 방식을 바꾸어놓았다.

1850년대에 이르러, 유기화학자들은 유기 화합물을 구성하는 원소들의 구성과 양적 비율에 대해 확신을 가지고 있었다. (사실, 당시에는 원자량에 대한 일관된 체계가 없었기 때문에 그들의 화학식은 지금과 다르게 보일 수 있다.) 당시 화학자들 역시 원소들이 규칙적인 패턴으로 '뭉쳐' 화합물을 구성한다는 사실을 인식하고 있었다. 그리고 명확하게 구별되는 성질을 가진 이성질체들에게 동일한 실험식이 주어진다는 사실에서 나타났던 것처럼 화합물 내에는 원소들의 내부적 '배열'이 존재한다는 것 역시 인식하고 있었다.

베르셀리우스는 라부아지에의 무기화학 체계에 따르며, 1818년부터 지속적으로 발표한 '이원론적 체계'에 힘입어 분자 내부에 존재하는 응집된 원자단을 구별한 선구자였다. 그의 전기화학적 분류 체계에 따르면, 유기 화합물들은 산소, 질소, 그리고 다른 원소들을 포함해 다량의 탄소와 수소를 함유하고 있을 음전하 분자와 전기적으로 결합한 양전하 탄화수소 라디칼로 구성되어 있었다. 이 분류 모델은 라디칼 이론(근의설根-說, 기의설基-說)으로 알려졌다. 리비히의 표현에 따르면 유기화학은 라디칼이라는 단순한 구조가 아니라 화합물을 다루기 때문에 무기화학과 구별되었다. 비록 이런 라디칼들이 이제 더이상 과거 19세기식 분석법처럼 힘들게 확인되지 않고 분광학적으로 나타나는 광학적 특성이나 자기장을 이용해 확인되고 있지만, 라디칼 모델은 '작용기'라는 개념으로 여전히 21세기까지 지속되고 있다.[10] 유기물 분자들의 구성을 관찰하는 또다른 방법 역시 1830년대에 개발되었다. 이 방법은 1834년에 클로라이드, 브로민, 시아노겐 같은 전기적으로 음성을 띤 원소 또는 라디칼(근)이 베르셀리우스가 분자의 전기적 양성을 띤 유기입자의 부분이라고 해석한 수소와 치환하는 것이 가능하다는 사실을 뒤마가 발견하며 등장했다.[11]

뒤마의 경우, 동일한 화학적 유형의 물질은 동일한 기본적 반응 과정을 거쳐왔기 때문에 같은 방식으로 결합한 등량의 화합물은 동일한 원자 수를 포함한다고 말했다. 예를 들어, 아세트산 CH_3COOH은 삼염화아세트산 CCl_3COOH으로 쉽게 변환될 수 있었고 두 산 물질은 다른 시약과 반응할 때도 매우 유사한 성질을 가지고 있었다. (뒤마는 실제로 탄소 원자량을 6으로 하고 두 종류의 산 물질을 C_4O_4, $C_4H_2H_6$와 C_4O_4, $C_4H_4Cl_6$로 이원적으로 작성하였다.) 베르셀리우스는 처음에 뒤마의 발견을 전혀 기뻐하지 않았지만, 이를 계기로 유기 화합물의 양전하를 띤 탄소 집단에서만 치환할 수 있게 함으로써 그의 화학식을 확장하기 시작했다.

한편, 게르하르트는 존재의 거대한 사슬 혹은 자연의 사다리라 일컬어지는 고생물학적 아이디어에 영감을 받아, 화합물을 조합의 사다리로 분류하는 개념을 연구했다. 1840년대까지 이미 화학자들이 구별해낸 셀 수 없이 많은 유기 화합물을 감안하며 게르하르트는 여기에 충만의 원리(principle of plenitude)가 작동했다고 믿었다. 그는 두 유기 화합물이 두 개의 탄소와 수소가 차이 나는 경우에, 한 개의 탄소와 수소가 차이 나는 또다른 유기 화합물도 존재해야 한다고 가정했다. 그는 곧 이것을 상동성(相同性)의 원리(principle of homology)라고 불렀다.

파라핀은 CH_2로 구별되는 일련의 화합물을 형성하였으며, 이는 파라핀으로부터 형성된 유기산 물질에 동일하게 해당된다. 원리 그 자체는 단순한 개념이었지만 유기화학을 배우고 이해하는 데 있어 광범위한 영향을 끼쳤다. 이 원리는 가령 언어를 공부하는 학생에게 프랑스어에는 동사가 세 종류밖에 없고 각각의 동사가 규칙적인 방식으로 활용된다거나 독일어에는 강약 동사만 있다는 어떤 배움의 직관과도 같은 것이었다.

치환론은 이전부터 뒤마의 제자인 로랑도 주장했던 이론이다. 로랑은 베르셀리우스의 이원론적 관점을 반대했다. 그리고 결정학에 대한 그의 선행연구, 그러니까 서로 다른 염이지만 동일한 모양을 가진 결정들의 집단을 나타내는 유질동상(類質同像, isomorphism)의 원리에 영향을 받았다. 결국 로랑은 유기분자들이 이원적으로 구성된 게 아니라 통합되었거나 '단일 조직'으로 구성된 화합물이라는 관점을 선택했다.

그는 이 결정처럼 보이는 조직을 '기본 라디칼(근)'이라고 불렀다. 이처럼 단일 화합물 안의 원소를 치환함으로써, 그가 '유도 라디칼(근)'이라고 이름을 붙인 새로운 화합물이 생성될 수 있었다. 결과적으로 이런 유도 물질들은 기본 라디칼과 동일한 역할을 했으며 로랑은 이러한 방식으로 유기 화합물의 자연스러운 분류를 만들었다. 이 분류 체계는 그의 사후에 출간된 전문서적인 『화학적 방법론*Chemical Method*』(1854)의 근간을 형성했다. 로랑은 베르셀리우스의 이원론 추종자들과 그가 관찰했던 일원론적 모델에 대한 자신의 주장 사이에 벌어진 충돌을 다음과 같이 회고했다.

> 실험들은 헛수고였다. 이원주의가 그 지위를 고수하겠다고 맹세했다…덕분에 나는 사기꾼이자 불한당〔게르하르트〕과 공범이 되었으며, 이 모든 사건은 화학식의 간단한 교정을 위해서 수소 원자 자리에 넣은 염소 기체 원자 한 개 때문이다!

공동 연구자인 게르하르트와 로랑은 단일 화합물과 동족

계열에 대한 그들의 생각이 상호 보완적이며 새로운 유기 화합물 분류법을 제시한다는 것을 깨달았다. 게르하르트는 널리 읽힌 『유기화학의 개론*Precis dechimie organique*』(1844)에서 동족계열 혹은 동족열(同族系列, homologous series)의 개념을 처음 발표했다. 그리고 그는 〔$(CH^2) + H^2O$〕, 〔$(CH^2)^2 + H^2O$〕 형태와 보다 일반식인 〔$(CH^2)^n + H^2O$〕 같은 형태로 유기 화합물을 분류하고 구분하는 것과 관련해 동족계열의 유용함을 강조했다. 이런 화합물이 산화, 술폰화 또는 할로겐화되었을 때, 최종 생성물의 실험식은 동일한 형태를 유지했다. 이를 통해 게르하르트는 가령 알려진 일련의 산 물질 중 하나에서 얻은 단일 물질의 구성과 특성 및 형성 방법을 알면 거기에서부터 연속해 파생된 모든 물질의 구성, 특성 및 형성 유형을 예측할 수 있을 것이라고 단언했다.

아니나 다를까, 게르하르트의 많은 비평가들은 그가 화학보다 수점술(數占術)을 더 숭배한다고 비난했지만, 그는 일련의 알코올 물질들〔$(CH)^2 + H^2O$〕에서 누락된 것처럼 보이는 많은 화합물에 대해 성공적으로 예측하거나 당시까지 누락된 화합물들의 끓는점을 예측하며 그의 주장이 정당하다는 것을 입증했다. 이 모든 것은 이론이 아닌 실험에 의한 정렬과 분류라는 점을 강조했고, CH^2의 반복 단위가 갖는 진정한 의미는 1858년 케쿨레가 탄소 사슬에 대한 아이디어를 세상에 공개하면서 비로소 분명해졌다.

1840년대에 화학자들이 저술한 책과 논문에 인쇄된 유기 화합물의 화학식이 오늘날 우리에게 이상하게 보이는 이유 중 하나는 화학자들이 기체나 수증기 상태에서 동일한 부피의 물질이 동일한 분자 수를 포함한다는 가정을 무시한 채 무기 화합물과 유기 화합물 사이에 존재하는 형식적 유사성에만 집착했다는 사실이다. 1811년에 아마데오 아보가드로(Amadeo Avogadro)가 제안한 가설은 돌턴과 베르셀리우스에게는 물리적으로 불가능해 보였다. 이때부터 수소와 산소와 같은 단순한 분자는 H_2와 O_2 같은 이원 화합물로 표기해야 했다. 하지만, 만약 원자들이 양전하 또는 음전하만을 띤다면, 같은 전하로 인해 발생한 자체 반발력은 원자들을 갈라놓았을 것이다. 그래서 베르셀리우스와 다른 화학자들이 유기산과 그 유도체의 절반에 달하는 분자를 계산했을 당시, 그들은 분자 내에 물(H_2O)의 존재를 확실히 하기 위해 실험식을 두 배로 만들었다.

그 결과, 유기물 분자는 물 화학식이 H_2O인 2-분량(volume) 체계와는 대조적으로 4-분량 표준을 기반으로 했다. 따라서 무기물인 황산은 ($SO_3 + H_2O$)인 반면, 유기물인 아세트산(CH_3COOH)의 실험식은 현재 식의 두 배였다. 즉, ($C_2H_2O + H_2O$)가 아닌 ($C_4H_6O_2 + H_2O$)로 표시했다. 게르하르트는 그들이 물(식의 절반에 해당하는 H_2O)의 제거와 관련된 유기화학 반응들에서 4-분량 공식을 사용하며 H_4O_2(혹은 $2H_2O$)로 나타냈지만 무기물 제거에서는 물을 두 배로 하지 않고 H_2O로 표시했다는 예외성에 주목했다. 이산화탄소의 CO_2 제거와 관련된 유기물 반응에서도 유사한 모순이 나타났다.

게르하르트는 화학 전체를 통틀어 한 개의 표준이 사용될 경우에만 일관성을 가질 수 있으며, 2-분량 공식을 사용하여 위대한 단일 표준을 달성할 수 있다고 주장했다. 그럼에도 불구하고, 2-분량 표준에 대한 국제적인 합의가 이루어지기까지는 20년이 더 걸렸다. 아이러니하게도, 게르하르트 자신은 분자식을 결정하는 데 있어 아보가드로의 가설을 기준으로 삼는 것을 전혀 고려하지 않았다.

2-분량 분자식의 분명한 난제 중 하나는 유기 일염기산(一塩基酸, 치환 가능한 수소이온을 한 개만 가진 산이다)이 마치 수화된 무수물인 것처럼 화학식으로 작성될 수 없다는 것이었다. 라부아지에 이후에 나온 소듐, 칼륨, 그리고 아이오딘 같은 몇몇 원소를 발견했던 영국인 험프리 데이비(Humphry Davy, 1778-1829)가 라부아지에 추종자였음에도 불구하고 할로겐산(염산 HCl, 요오드산 HI 등)이 산소를 함유하지 않는다는 것을 보여줬다는 점을 감안하면 다소 아이러니했다. 이 난제는 결국 토머스 그레이엄(Thomas Graham)과 리비히가 이염

기산과 삼염기산에 대한 연구를 통해 해결했고, 산 물질은 분자 내에서 치환이 가능한 수소 원자로 정의하는 것이 더 쉽다는 견해로 이어졌다. 이러한 산 물질의 재개념화는 베르셀리우스의 단순한 이원론적 전기화학 모델을 다시 한번 약화시켰고 로랑의 단일(일원) 모델을 보다 수용 가능하게 만들었다.

어쨌거나 1840년대 내내, 랭커스터의 에드워드 프랭클랜드(Edward Frankland, 1825-99), 독일의 헤르만 콜베(Hermann Kolbe, 1818-84)와 같은 화학자들은 라디칼(근) 모델이 유용하다고 여겼다. 두 사람 모두 마치 새롭고 간단한 원소처럼 '메틸기', '에틸기' 등등의 개별 근 물질을 합성하고 분리할 수 있다고 생각했다. 콜베는 유기산을 전기 분해함으로써 이 물질들을 만들었으며, 프랭클랜드는 밀봉된 튜브에 압력을 가해서 유기산 중 하나인 요오드화염을 아연과 같은 금속과 반응시켜 에틸기를 추출했다.

$C_4H_5I + Zn \rightarrow C_4H_5 + ZnI$

아이오딘화에틸 + 아연 → '에틸' + 아이오딘화아연

이러한 가설상의 근라디칼에서 끓는점은 동족계열의 개념과 맞지 않았다. 결국 프랭클랜드와 콜베가 실제로 만든 물질은 메틸기와 에틸기라는 이름의 안정적인 이량체(二量體, dimer)

물질이었다는 것이 곧 밝혀졌다. 즉, C_2H_3와 C_4H_5가 아니라 C_2H_6와 C_4H_{10}인 에탄과 부탄이었다. 라디칼 물질을 분리하려는 이러한 시도에서 나온 의도하지 않은 결과로 20세기에 큰 관심을 받은 '유기금속 화합물'(프랭클랜드가 사용했던 용어)의 영역을 프랭클랜드가 개척한 셈이 되었다.

화학적 형(型)

1850년대에 이르자, 게르하르트는 그가 형의설(型-說, type theory)이라고 명명한 유기 화합물의 새롭고 광범위한 분류법을 제안하기 시작했다. 그는 로랑이 제안한 분자의 단일 개념과 스승인 뒤마의 선행연구에 크게 영향을 받았는데, 그것은 라디칼 물질과 다른 원소의 다중 치환이 가능하다는 것이었고[12] 모든 유기 분자들은 상대적으로 적은 몇 가지의 무기물 기본형을 기반으로 만들어진다고 제안했다. 그러니까 유기물 분자는 단순히 무기물 분자의 치환 유도체라는 것이었다. 그 무기물 유형들은 수소(H_2), 염화수소(HCl), 물(H_2O)이었고 이후에 암모니아(NH_3)를 포함했다.

당시까지 두 형태(이원론이나 기본과 유도 라디칼)면 충분했는데 왜 네 가지 형을 꺼냈을까? 그 해답은 비록 게르하르트와 로랑이 베르셀리우스의 전기화학 이론의 단순한 형태

11. 알렉산더 윌리엄슨(Alexander Williamson, 1824-1904), 유니버시티 칼리지 런던 화학과 교수.

를 약화시켰지만, 분자들이 부분적으로 전기적 극성을 띤다는 것을 인식하고 있었다는 사실에 있다. 따라서 수소 H_2는 최소한의 극성을 보이는 유형이었으며, 수소가 탄화수소 라디칼(근 물질)에 의해 교체되면 상대적으로 비활성을 띠는 파라핀과 올레핀의 동족계열 물질이 생성되었다. 염화수소 HCl 유형에서는 치환된 물질이 요오드화에틸 C_2H_5I과 같은 좀 더 활성적이고 극성을 띤 유기염을 만들었다. 그리고 게르하르트의 영국 출신 제자인 알렉산더 윌리엄슨(Alexander Williamson, 1824-1904)이 1850년에 증명했듯이, 물(H_2O)의 유형은 유기 알코올과 에테르의 구성을 설명하는 매우 우아한 방식을 규정했다. (그림 11 참조) 형 이론은 말 그대로 인쇄업에 종사하는 활판 식자공 사이에서도 창의력을 발휘하게 했는데, 정교한 중괄호를 사용해 화학자들의 인쇄 논문에 생기를 불어넣었다.

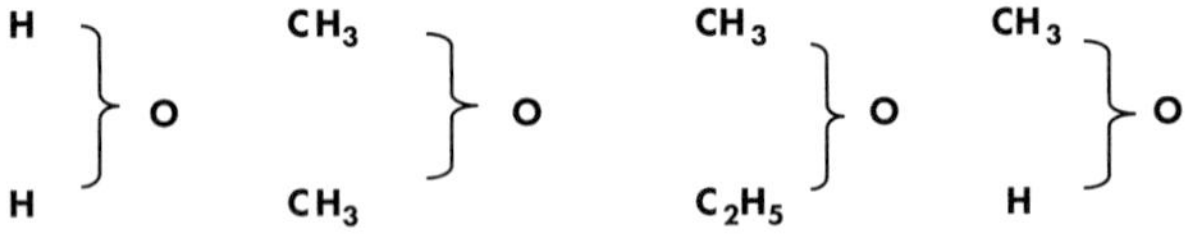

물 | 다이메틸에테르 | 에틸메틸 혼합에테르 | 메틸알코올

윌리엄슨은 아래와 같이 당당하게 말했다.

물과 비교하며 물질의 합리적인 구성을 명시하는 데에 있어, 이 논문에 적용된 방법이 거대한 확장의 여지가 있는 것으로 보인다. 그리고 나는 이 방법의 도입이 물질의 정체를 판단할 수 있는 일관된 비교 기준을 세우기 때문에 우리의 생각을 단순화하는 데에도 도움이 된다고 주저 없이 말할 것이다.

만약 아세트산이 다음과 같이 쓰인다면

$$\left.\begin{matrix} C_2H_3 \\ H \end{matrix}\right\} O$$

아세트산은 무수물 형태로 있어야 한다. (아세트산 무수물[13])

$$\left.\begin{matrix} C_2H_3O \\ C_2H_3O \end{matrix}\right\} O.$$

1851년에 이러한 무수물의 존재를 예측한 것은 윌리엄슨의 개인적 업적이었고, 그다음 해 게르하르트에 의해 예상대로 실행되었다. 윌리엄슨의 에테르에 대한 연구는 곧이어 런던의 왕립화학대학교에서 질소가 함유된 아민에 관한 호프만의 연구로 이어졌다. 여기에서 암모니아(NH3)는 다음과 같

은 형의 규범이 되었다(여기서 R, R', R"은 다양한 라디칼(근)을 나타낸다).[14]

$$\left.\begin{matrix} H \\ H \\ H \end{matrix}\right\} N \qquad \left.\begin{matrix} CH_3 \\ C_2H_5 \\ C\ H \end{matrix}\right\} N \qquad \left.\begin{matrix} R \\ R' \\ R'' \end{matrix}\right\} N$$

게르하르트는 윌리엄슨의 동료였던 윌리엄 오들링(William Odling, 1829-1921)이 늪가스(메탄)형의 추가를 제안했다는 사실을 알 만큼 장수했지만, 1858년에 탄소 사슬의 개념을 추론하기 위해 케쿨레가 형 이론을 어떻게 이용했는지 목격할 만큼 오래 살지는 못했다. 케쿨레는 게르하르트가 이룬 개혁들 이상의 업적을 예고했다.

가설에 근거해 에틸과 같은 근(라디칼) 물질을 물형으로 대신함으로써, 케쿨레는 당시까지 서로 적대적이었던 근과 형 분류체계 사이에 화해를 이루어냈다. 또한 케쿨레는 유기 화합물을 4가지 무기물형에 포함시킴으로써 사실상 화학자는 물론 화학의 통일을 이루어냈다. 그가 1861년에 편찬한 교과서인 『유기화학 교과서*Lehrbuch der Organischen Chemie*』의 부제에 쓴 바와 같이 유기화학은 케쿨레에 의해서 탄소 화합물의 화학이 되었다.

프랭클랜드의 원자가 도입

형의론(이 이론은 가령 물과 암모니아형이 함께 결합되는 소위 '혼합유형'을 바로 수용했다)은 암묵적으로 개별 원자의 결합력 혹은 원자가(valence)라는 중요한 개념을 포함하고 있었다.

디에틸 주석과 에틸 아이오딘 화합물(stanethylium)과 같은 유기금속 화합물의 연구로 명성을 얻은 프랭클랜드는 1852년에 이 문제를 처음으로 다루기 시작했다. 그는 무기 또는 유기 화합물 내의 원소들이 다른 원자들과 결합할 때 분명하게 일정한 친화력을 가지는 것처럼 보인다는 점에 주목했다. 혹은 '달리 표현하자면 원소들마다 일정한 원자의 개수와 결합하는 유일한 공간'이 있다는 것이다. 따라서 수소는 단지 한 개의 다른 원자와 결합하고, 산소는 2개, 질소는 무려 5개와 결합하는 것처럼 보였다.

프랭클랜드는 이 규칙성을 '원자성(atomicity)'이라고 불렀지만, 결합이 수소와 '등가'인 단위로 한 개, 두 개 또는 그 이상으로 간주될 수 있다는 사실에 근거해 원자성은 바로 '원자가(valence)' 혹은 '결합가(valency)'로 불리게 되었다. 케쿨레는 오들링의 뒤를 이어 탄소가 4개의 수소와 등량인 원소들과 결합하고 탄소끼리 자체적으로 결합해 사슬을 형성할 수 있다고 이론을 심화했다. 그래서 두 개 탄소로 결합한 탄소 사슬은 여전히 다른 원소와 결합할 수 있거나 원자가는 6이

된다. 그리고 3개 탄소 사슬은 원자가가 8이 되었으며 n개의 탄소가 형성한 탄소 사슬 화합물의 원자가가 일반적인 식으로 nC=2n+2가 된다고 제안했다. 이 규칙이 적용되지 않는 경우가 있었는데, 즉 다시 말해서 올레핀 C_2H_4과 아세틸렌 C_2H_2과 같은 화합물에서 케쿨레는 두 개의 탄소가 두세 개의 원자가를 상호 충족시켜 이중 혹은 삼중 결합을 형성할 수 있다는 개념을 과감하게 도입했다. ('결합(bond)'이라는 용어는 1866년에 프랭클랜드에 의해 도입되었다.)

분자 내에서 원자를 서로 연결하는 구성적 개념으로서의 원자가의 발전이 비록 프랭클랜드보다는 케쿨레에 의해 이루어졌지만, 프랭클랜드가 화학 교과서와 국가고시를 통해 원자가의 개념을 전파할 수 있었던 것은 왕립화학대학교에서 그가 호프만의 후계자로서 학생들을 가르치고 고시를 심사하는 위치에 있었기 때문이다.

겐트에서 온 케쿨레의 소식

프리드리히 케쿨레는 처음에는 건축을 공부하려고 했지만, 대신 기센대학교에서 리비히와 함께 화학을 공부했다. 리비히는 케쿨레가 더 많은 경험을 얻게 하기 위해 그를 런던으로 보냈고, 케쿨레는 영국에서 오들링 그리고 윌리엄슨과 그들이 열렬히 옹호하는 로랑과 게르하르트의 단일론과 형 이론의 영향 아래 있었다. 케쿨레는 하이델베르크대학교에서 깊이 있는 개인 연구를 더 수행한 후, 1858년 프랑스어를 사용하는 벨기에의 겐트대학교 화학과 교수로 임명되었다. 그는 마침내 1867년에 독일로 돌아와 본대학교의 교수가 되었다.

유기 화합물, 원자가, 구조 화학의 분류에 대한 케쿨레의 이론적 통찰력과 벤젠의 육각형 화학식 설명은 유기화학을 변화시켰다. 1858년 케쿨레의 위대한 논문인 「탄소 화합물의 구성과 변형 그리고 탄소의 화학적 성질에 관하여On the constitution and metamorphoses of carbon compounds and the chemical nature of carbon」에서 그는 메탄의 탄소가 4 원자가를 가졌다는 개념을 탄소 화합물 전체로 확장했으며 자신의 해석이 영국과 프랑스의 화학학파들에게 얼마나 많은 빚을 졌는지를 강조했다. 돌이켜보면 단번에 유기화학이 통합되었음을 알 수 있다. 화학자들이 파라핀, 에테르, 아민 등을 더이상 '형'으로 분리할 필요가 없어지면서 모든 유기 화합물은 탄소 사슬(연쇄)과 탄소의 4 원자가 개념에 수용되었다.

1890년 저녁식사 후 연설에서 케쿨레는 1855년 런던에서 박사후과정 연구원 신분이었을 당시 합승마차에서 공상에 잠겼던 기억을 떠올렸다. 케쿨레는 상상 속에서 탄소 원자가 서로 연결되어 긴 사슬을 만드는 모습을 그려보았다. 구조 유기화학은 상상력과 건축학적 사고력을 필요로 하지만, 1850년대에는 선으로 탄소 원자를 연결하는 개념이 케쿨레의 생각에 들어 있지 않았다. 대신에 그는 마디가 있는 벌레를 닮은 아원자들로 만들어진 존재들을 상상했다. 1857년 하이델베르크에서 열린 한 강연에서 그가 처음 사용한 소시지 모양의 그림 화학식(그림 12 참조)은 당시 상상했던 모델을 따랐다. 1867년 '화학적 결합가〔원자가〕에 관하여 다원자가의 원자는 어떤 의미에서는 여러 일원자가 원자의 집합체로 볼 수 있다'라는 케쿨레의 이 발표문으로 소시지 모양 화학식은 공식화된 것으로 보인다. 케쿨레가 그의 저서 『유기화학 편람 *Lehrbuchder Organischen Chemie*』에 사용한 그림 화학식은 이 모델을 가시화하여 인쇄되었으며, 그는 유기 화합물 분류 수단으로 형의 이론 방식을 계속 사용했다.

명백한 선(line)으로 탄소 원자를 연결해 탄소 사슬을 표현하는 방법은 1856년과 1858년 사이 프랑스 파리에 있는 아돌프 뷔르츠(Adolphe Wurtz)의 연구실에서 일하고 있었던 아치볼드 스콧 쿠퍼(Archibald Scott Couper, 1831-92)라는 스코틀랜드 화학자의 독자적인 생각이었다. 「새로운 화학 이론에 관하여On a new chemical theory」라는 과감한 제목을 붙인 쿠퍼의 논문은 유감스럽게도[15] 케쿨레의 논문이 게재된 이후 출간되었다. 이 일로 쿠퍼는 정신질환이 생겨 이제 막 개화하려던 그

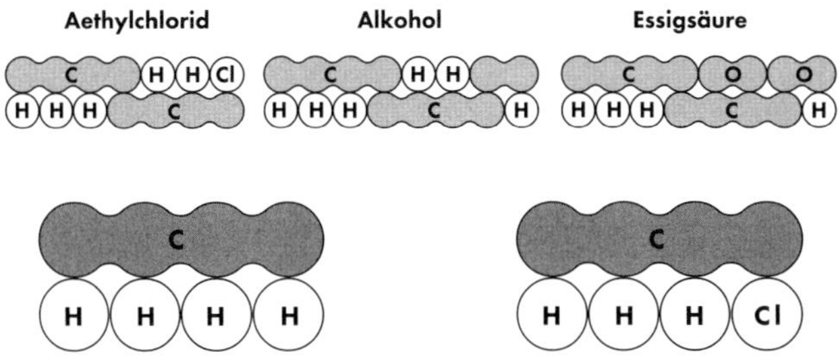

12. 케쿨레의 소시지 모양 화학식. 수소와 같은 1가의 원자들은 한 개의 원으로 표시했고 탄소와 같은 다가의 원자들은 원을 겹쳤다.

의 경력은 망가졌다. 이론화학에 대한 그의 중요한 공헌은 사실상 20세기까지 알려지지 않았다. 그럼에도 불구하고, 그의 그림 표기법은 1861년 논문에 쿠퍼의 그림 화학식을 적극적으로 사용했던 에든버러대학교의 화학 교수 알렉산더 크럼 브라운(Alexander Crum Brown, 1838-1922)에 의해 주목받게 된다. 점선과 실선으로 분자의 결합을 그린 그림식은 런던의 왕립화학대학교 교수인 프랭클랜드가 강의는 물론 그의 연구 논문에 채택하기도 했다. 프랭클랜드 역시 국가고시에서 영향력 있는 시험 감독관이었고, 이러한 방식으로 1860년대에 그림 화학식은 급속도로 채택되었다.

벤젠 고리와 케쿨레의 꿈

화학사 학자들은 케쿨레의 연구에서 특별한 통찰력의 갑작스러운 출현보다는 다소 더뎠지만 꾸준했던 유기화학 분야에서의 발전을 강조하는 경향이 있다. 케쿨레가 벤젠 구조를 6개의 탄소 원자로 이루어진 폐쇄 사슬 구조로 구상한 정확한 시기를 누구도 확신할 수 없지만, 아마도 그 일은 1862년 그의 첫 결혼 무렵이었을 것으로 추정된다.

생을 마감할 무렵, 그는 전형적인 겸손한 태도로 당시 꿈에 대한 소회를 밝혔다. 그는 졸다가 마치 뱀이 자신의 꼬리를 먹는 것처럼 춤추는 탄소 원자들이 닫힌 원을 형성하는 사슬을 상상했다는 것이다. 역사학자들은 역사적, 화학적 근거를 토대로 케쿨레의 두 가지 '꿈'에 대한 타당성과 본질을 오랫동안 논의해왔다. 1890년 케쿨레가 자신의 꿈을 상세하게 언급했던 '벤젠 축제'는 사실 케쿨레를 기리기 위해서라기보다 독일제국에게 화학이 경제적으로 매우 중요하다는 사실을 당시 축제 참가자와 신문 독자들에게 각인하기 위해 의도적으로 기획되었다는 것 역시 인정해야 한다. 따라서 연설에 대한 설명은 역사적 문헌으로써 신중하게 다뤄져야 한다.

급진적 이론가이자 케쿨레의 경쟁자인 콜베는 케쿨레의 구조 이론을 냉혹하게 비판하며 케쿨레의 쇠퇴하는 권력과 나약함, 그리고 가족사와 작위수여에 대한 집착 등을 부당하게 다뤘다. 그럼에도 불구하고 케쿨레는 1867년 본으로 이적한 이후 몇 가지 중요한 업적을 남겼다. 1872년, 그는 벤젠의 구조에 관하여 과감한 동적 진동 개념을 내놓았는데, 이 개념은 서로 다른 물질처럼 보일 수 있는 벤젠에서 이성질체를 띠는 이치환된 유도체들(disubstituted derivatives)의 당혹스러운 부재를 설명했다.[16]

1880년대 초, 화학자 라덴부르크(Ladenburg)에 의해 제안된 프리즘 모양의 벤젠식을 포함해 벤젠 구조에 대한 몇 가지 대안적 가능성이 거론되었을 때, 케쿨레는 카테콜

(Pyrocatechol)과 퀴닌(Quinine)의 실험적 변화들은 벤젠이 육각형의 닫힌 탄소 사슬일 경우에 가장 적절하고 가장 명료하게 설명된다는 것을 보여주며 노익장의 귀환을 과시했다. (그림 13 참조)

케쿨레가 분자 구조를 구상하고 분자 모델을 자유자재로 다루는 것은 그가 공부했던 건축 덕분이라고 생각하기 쉽겠지만, 좀더 두드러진 영향은 그가 윌리엄슨으로부터 배웠던 분자의 동적 성질에 대한 이해였다. 건축은 근본적으로 정적인 반면 케쿨레의 구조 개념은 꽤나 유동적이고 명료하지 않았다. 그래서일까, 1890년 벤젠 축제에서 그가 연설중 인용한 꿈같이 어지러운 분자의 춤은 사실처럼 들린다.

구조 이론의 승리

유기화학에 대한 구조적인 관점을 가장 강력하게 지지했던 사람 중 하나는 독일에서 공부한 러시아 화학자 알렉산드르 부틀레로프(Alexander Butlerov, 1828-86)였다. 구조 이론이 이성질체의 존재를 어떻게 설명할 것인지를 주목한 사람이 바로 그였다. 에틸알코올과 디메틸에테르처럼 동일한 실험식인 C_2H_6O을 가진 두 가지 물질은 CH_3CH_2-OH와 CH_3-O-CH_3라는 서로 다른 두 구조를 가지며, 분자 내에서 서로 다른

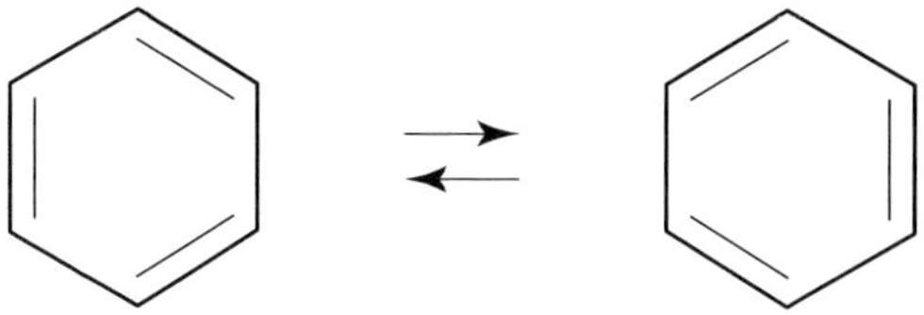

13. 케쿨레의 진동 벤젠 고리. 육각형 고리 안의 탄소 원자와 수소 원자들의 충돌이 이중 결합의 위치 변동을 거듭하게끔 이끈다고 가정했다. 이 '공명'은 벤젠의 육각형 꼭짓점에서 첫번째와 두번째 위치에서 이성질체를 나타내는 이치환 벤젠 화합물이 존재하지 않음을 설명했다.

위치의 원자들로 인해 두 물질은 서로 다른 성질을 가지게 되었다.

구조이론주의에 대한 추가적인 증거는 입체 이성질성(立體異性質性)에 대한 설명을 제공했다. 1848년 루이스 파스퇴르(Louis Pasteur, 1822-95)가 최초로 설명한 것처럼, 이는 두 이성질체가 어떤 이유로 단 하나의 물리적 특징, 즉 이성질체 분자 결정이 빛의 편광면을 왼쪽이나 오른쪽으로 회전시키는 차이를 보이는 현상이다. 1874년, 네덜란드의 유기 및 물리화학자 야코뷔스 판트호프(Jacobus van't Hoff, 1852-1911)는 탄소의 4 원자가 결합은 탄소를 중심으로 한 사면체의 꼭짓점이 있는 곳을 향해 결합 방향이 정해진다고 제안하며 파스퇴르의 관측 의견을 설명했다. 이 제안으로 비대칭, 그리고 서로 거울상으로 대칭된 이미지의 두 가지 형태를 가진 분자가 존재할 수 있었다. 화학자들은 이러한 기하학적 착상을 곧바로 질소와 황과 같은 다른 원자에도 적용했고, 입체화학적 연구는 1891년부터 스위스의 화학자 알프레트 베르너(Alfred Werner, 1866-1919)가 개발한 분자 구조의 배위 이론(配位說, coordination theory)으로 그 정점을 찍을 때까지 사실상 화학계에서 주류의 연구 분야가 되었다.

프랭클랜드가 연구한 유기금속 화합물의 분류에 베르너의 이론을 특별하게 적용했는데, 분자 그룹(이후 리간드(ligands)

라는 용어로 부른다)은 분자의 가운데에 있는 금속 주변에 다양한 기하학적 형태로 분포할 수 있었다. 당시 화학자들 사이에서 기하학은 꽤 유행했다. 가령, 독일인 빅토르 마이어(Meyer, 1848-97)와 아돌프 폰 베이어(Adolf von Baeyer, 1835-1917)는 배위결합에서 어떻게 고리 모양 구조가 스스로 하나의 특정한 형태로 견고하게 자리잡을 수 있는지 설명하기 위해 입체 장해[17]라는 개념을 소개했다. 큰 분자 집단으로 인해 분자의 두 부분이 다른 이성질체 구조로 변하는 자유회전을 방해받기 때문이었다. 한편 다른 경우에는 대부분 분자가 불안정하게 되는데, 이는 원자들 사이의 결합들이 압박을 받기 때문이다.

아마도 구조 이론의 가장 큰 업적은 1880년대에 에밀 피셔(Emil Fischer, 1852-1919)의 단당류에 관한 연구로 보인다. 피셔는 실험식인 $C_6H_{12}O_6$를 공유하는 당의 이성질체가 16개나 있다는 것을 발견했다. 이성질체 간 유일한 차이는 각각의 당이 네 개의 비대칭 탄소 원자들을 가지고 있다는 사실이 만든 광학적 활동의 범위였다.

화학을 정비하다

화학의 발전에 대한 짧은 설명에서 수백 명의 숨은 화학자들에 대해 공정하게 다룰 수는 없지만, 그들의 공헌이 없었다면 화학의 체계가 결코 완성되지 않았을 것이다. 한 가지 사례만 들자면, 레오폴드 그멜린(Leopold Gmelin, 1788-1853)이라는 인물을 만날 수 있는데, 그는 의사이자 약사였고 16세기에 시작된 주요 지배 계층의 일원이었으며 독일 하이델베르크대학교에서는 뵐러의 스승이기도 했다. 그는 동시대인에게 '화학계의 운동선수'로 묘사되었다. 그가 제자 뵐러와 빌, 분젠(Robert Bunsen, 1811-99), 윌리엄슨뿐 아니라 여러 세대에 걸쳐 영향력 있었던 약사들을 배출한 사실을 보면 그가 위대한 스승이었던 것은 분명하다. '그멜린과 함께 화학을 공부한 사람은 나에게서 배울 것이 거의 없다.'라는 말을 남긴 베르셀리우스의 이야기는 잘 알려져 있다.

오늘날, 그멜린은 주로 세 가지 이유로 화학사 학자들에게 기억되고 있다: 첫번째는 1820년대에 그의 생리학 분야 동료인 프리드리히 티데만(Friedrich Tiedemann)과 함께 맡았던 '소화에서의 화학적 작용'에 대한 연구로 그는 특출한 분석력을 보였다. 두번째는 화학적 성질이 같은 원소들을 세 개씩 묶어 정렬시킨 놀라운 일이었는데, 이는 원소의 주기적인 분류 체계의 전조가 되었다. 그리고 마지막으로 그의 기념비적인 저서인 『화학 편람*Handbuch der Chemie*』은 저자의 생애 동안 4번의 증보판을 거쳤고 오늘날까지도 베를린의 그멜린 연구소에서 출판 제작되고 있다.

그멜린의 원래 생각은 알려진 모든 화학 지식을 요약하는 것이었지만, 그가 아무리 원기왕성한 인물이라 하더라도 한 사람이 1830년대 유기화학의 놀랄 만한 성장에 정통하기란 불가능하다는 사실을 곧 알게 되었다. 1848년과 1872년 사이에 헨리 와츠(Henry Watts. 런던 화학회의 문헌관리자)가 영어로 번역한 편람의 최종판은 주로 무기화학에만 한정되었다. 결국 그멜린은 러시아인인 독일 유기화학자 프리드리히 바일스타인(Friedrich Beilstein, 1838-1906)에게 1881년부터 유기화학 전반에 대해 백과사전과 유사한 조사를 수행할 기회를 주었다. 바일스타인의 계획은 기존 화학 문헌에 기록되었고 분자식으로 식별되는 모든 유기 화합물의 물리적, 화학적 특성에 관한 설명을 제공하는 것이었다. 바일스타인은 그가 사망하기 전인 1867년 호프만이 설립한 독일 화학회에 엄청난 편찬 업무를 넘겼다. '바일스타인'이라는 이름은 오늘날에도 화학자들 사이에서 유기화학 온라인 검색 사이트의 이름으로 쓰이고 있다.

실험실 연구자는 말할 것도 없고 이런 유의 편람을 담당한 편집자들이 직면한 심각한 문제는 색인 작업을 위해 화합물들의 명명에 합의하는 것이었다. 1892년에 유기화학자들로 구성된 국제적 단체와 화학 저널의 편집자들이 명명법에 대한 합의를 도출하기 위해 제네바에서 만났다. 그들은 화학물질에 체계적인 이름을 붙이는 기반으로 구조 이론을 사용하는 것에 동의했다. 이는 어떤 화학자도 화학 명칭 그 자체로 화합물의 구조식을 추론하고 바일스타인 사이트에서 검색해 찾을 수 있게 한다는 것이었다.

예를 들어, 일반적인 디에틸에테르(diethylether)는 '에톡시에탄(ethoxyethane)'으로 명명되었고 올레핀 기체와 아세틸렌 같은 흔한 이름들은 각각 에탄(ethane)과 에틴(ethine)이 되었다. 레몬주스의 성분인 구연산($C_6H_8O_7$)은 2-하이드록시프로판-1,2,3-트라이카복실산으로 이름을 정했다. 제네바 회담은 분명 필요했지만, 화학자들은 명백한 화학 구조에 대한 체계적인 명칭을 창안하기 위해 많은 대가를 치렀다. 대중적 이해를 상실하고 만 것이다. 의심할 여지 없이 새로운 명명법은 보편적인 명칭의 지속성도 유지했다. 물(water)은 그냥 물로 남아 있었고 모호함을 피하기 위해 산화 이수소(dihydrogen oxide)라고 사용할 필요는 거의 없었다.

화학사의 '거인들'이 등장한 19세기 전반에 걸쳤던 화학 발전에 윌리엄슨의 중추적인 역할은 아무리 강조해도 지나치지 않다. 그는 물의 형(type)이 가진 능력이 '원자가'와 '구조'의 개념을 이끌어내는 데 도움이 되었다는 것을 보여줬을 뿐만 아니라, 에테르화에 대한 명확한 연구 역시 각각의 원자들이 중간 화합물을 거치며 각 반응 단계에서 위치를 바꾼다는 것을 보여주어 이후 화학자들이 화학적 변화의 메커니즘을 어떻게 연구할 수 있는지 제시했기 때문이다.

동적 평형 상태에 있는 반응물질과 생성물질, 그리고 운동 중인 원자에 대한 윌리엄슨의 시각화는 물리화학의 발전에 지대한 영향을 미쳤다. 원자의 존재를 굳게 믿고 있었던 윌리엄슨은 동료 화학자들에게 지배적으로 퍼져 있던 회의주의를 뿌리뽑기 위해 많은 일을 했다. 이렇게 그의 수많은 학문적 공헌이 가능했던 것은 그만이 가진 훌륭한 아량 때문이었다. 그는 유니버시티 칼리지 런던에서 몸소 일본인 학생 그룹을 연이어 가르쳤으며, 이들 중 다수는 귀국해 당시까지 세계사에서 고립되어 있던 일본 근대화에 시동을 걸었다. 그들의 후손이 후대의 화학에서 일본이 선두에 설 수 있도록 보장한 셈이었다.

제 5 장

반응성

화학과 물리학의 교육 사이에는 항상 밀접한 관계가 있었다. 실제로, 18세기부터 두 학문은 각각 별개의 실험 학문 분야로 여겨져왔지만, 그전에는 통합된 방식으로 교육되었다. 로베르트 분젠은 물리학을 전혀 모른다고 공언한 화학자는 진정한 화학자가 될 수 없다는 유명한 말을 남기기도 했다.

유기화학의 부상은 곧바로 교수 한 사람이 강의할 수 있는 정보와 실험 실습의 분량에도 부담을 가중시켰다. 게다가 독일에서 교육을 받은 화학자들이 학계에서 일자리를 찾을 기회가 적었기 때문에 1850년대에 많은 화학자들이 물리학자로 변모했다.

빛, 열, 소리, 전기 및 자기의 요소를 가르치면서 화학자들은 종종 물질의 물리적 특성과 이것들이 화학적 변환에 어떻게 영향을 미치는지에 관심을 갖게 되었다. 그 결과 물리화학(또는 종종 이론화학 또는 일반화학으로 불리는)으로 알려진 제3의 전문적 화학 분야가 출현했다. 물리화학은 무기나 유기화학만이 아닌 화학 전반을 배우는 기반이 될 운명이었다. 이러한 발전들은 필연적으로 수업과 실험 연구를 위한 화학자들의 연구 공간 구조에도 변화를 가져왔다.

왜 균질한 물질들이 상호작용할까? 19세기 중반까지 여러 종류의 화학적 변화가 알려졌고 이들은 교과서를 통해 체계화되었다. 때로는 원소들이 직접 결합했고, 다른 경우에는 한 원소가 다른 원소로 치환되기도 했다. 화합물들은 분리되었다가 다시 결합하거나, 두 화합물 각각에 포함된 성분이 교환되며 두 종류의 새로운 화합물을 만드는 복분해 과정을 거치기도 했다. 원소와 화합물은 산소가 첨가되거나 수소가 제거되며 산화되거나 환원되었으며, 때로는 화합물이 이성질체의 변화를 겪도록 유도되기도 했다.

에너지 변화를 동력으로 원자와 분자 사이에서 벌어지는 교환, 그리고 모든 반응성의 기반인 평형 상태의 변화 측면에서 이러한 서로 다른 변화들을 설명하는 것이 물리화학자들의 과제가 되었다. 물리화학자들은 화학적 변화를 수학적 용어로 표현할 수 있는 방법을 찾았고, 그래서 화학적 실험에 일반화와 체계화를 도입했다. 그들은 실제 물질의 반응에 대한 지침을 제공하는 이상적인 상상의 세계로 들어갔다.

19세기 초 베르톨레의 화학반응에 대한 연구는 화학적 변화가 물리적 조건에 따라 달라지며 친화력은 수십 가지 다른 방식으로도 성립될 수 있다는 생각을 하게 만들었다. 이에 따라 화합물들이 일정한 비율로 형성되지 않는다는 주장도 등장했다. 이러한 주장은 당시에 해결할 수 없을 정도로 난해해 보였고, 결국 화학적 변화는 일정한 양이나 비율로 진행된다는 돌턴의 원자 이론으로 급속히 대체되었다.

결과적으로, 화학자들이 베르톨레에 의해 처음 제기된 질문으로 되돌아온 것은 19세기 중반이 되어서였다. 그 질문은 '화학적 평형을 위한 조건은 무엇이며, 하나의 균질한 물질이 완전히 다른 균질한 물질을 생성하기 위해 다른 물질과 상호작용했을 때 화학반응에 관여하는 메커니즘은 무엇인가'였다.

물리적 특성은 규칙이 있는가?

초기의 물리학적 연구 프로그램 중 하나는 기센대학교에서 리비히의 동료였던 헤르만 코프(Hermann Kopp, 1817-92)에 의해 시작되었으며 그는 이후 하이델베르크대학교의 로베르트 분젠의 연구실에 합류했다. 코프는 녹는점과 끓는점과 같은 물리적 특성이 화학적 구성에 어떻게 영향을 받는지에 관심이 있었다. 거꾸로, 녹는점과 끓는점 같은 물질과 관련된 물리적 상수들이 분자들의 화학적 성질을 규정하는 함수라는 것을 증명할 수 있는지 탐구했다.

가령 게르하르트가 확인한 동족계열의 물질에서 보면, 한 개의 파라핀이 CH_2가 첨가되며 다른 파라핀으로 변환되면서 녹는점(유기 화합물의 순도와 정체를 규명하는 유용한 방법)이 증가한 것으로 관찰되었다. 코프가 1840년대에 입증했듯이, n개의 CH_2 차이는 유기 파라핀과 산 물질, 에스테르 화합물의 끓는점에서는 약 n19℃와 대응되었다. 그리고 원자로 보면 n개의 탄소 원자의 차이로 n29℃의 끓는점 차이가 발생하거나 수소 원자가 하나씩 추가되며 화합물이 n5℃ 더 낮은 온도에서 끓는다는 것을 밝혔다. 물리적인 특성은 분명히 화합물의 화학량론(stoichiometry)과 상관관계가 있었다.

코프는 (그 역시 개척자였던) 화학사를 연구하지 않는 동안에는 새롭게 발견된 화합물의 물리적 성질을 계산하는 데 산술적 혹은 기하학적인 일련의 공식을 적용하는 것을 목표로 정확한 실험을 하며 물질의 물성을 결정하는 데 경력의 거의 대부분을 할애했다. 흥미로운 사실은 코프가 이런 연구 과정에 몰두했던 것과 같은 시기에, 프라우트의 가설에서 영감을 받은 다른 화학자들이 원소들의 원자량 사이에서 산술적 관계를 공식화하려고 했다는 것이다. 당시 '화학 물리학'이라고 불렸던 많은 부분이 피타고라스학파의 사상과 관련되어 있었다.

코프는 분자 조성과 물리적 성질을 연관시키는 만족스럽고 정확한 방법을 제시하지 못한 채 1892년에 세상을 떠났다. 하지만 그는 분석화학과 합성화학에 매우 유용한 것으로 입증된 풍부한 자료를 만들었다. 20세기에 이르러 그의 연구는 1911년에 케이(Kaye)와 레이비(Laby)가 『물리와 화학 상수표*Tables of Physical and Chemical Constants*』와 같은 물리적 자료를 집계하고 제작하는 데에 촉진제 역할을 했다. 이 책은 그 이후로도 계속 출간되어왔으며 이어진 판본은 초기 150페이지에서 600페이지가 넘게 증보되었다.

열역학의 탄탄대로

화학에서 물리학의 영향을 받은 가장 중요한 분야는 열역학이었다. 이 과학 분야는 물리학자들과 공학자들이 세계의 산업화 일환을 지배하게 된 증기 엔진과 전기 모터의 효율성에 그들 스스로 관심을 갖기 시작하면서 나타났다.

화학에서의 열역학은 일찍이 열화학에서 시작되었다. 열화학은 18세기 조지프 블랙에 의해 만들어진 비열[18]과 잠열[19]에 대한 연구로 거슬러올라갈 수 있는데, 블랙은 서로 다른 물질들은 열을 흡수하는 능력이 각각 다르다는 사실을 밝혔다. 덧붙여, 고체를 녹이거나 액체를 끓이는 데에 당시 온도계로 측정할 수 없는 막대한 열이 필요했다. 비열의 측정에서는 에콜 폴리테크니크(École Polytechnique)에서 공부한 피에르 뒬롱(Pierre Dulong, 1785-1838)과 알렉시스 프티(Alexis Petit, 1791-1820)가 원소의 비열과 그 원소의 원자량 (혹은 화학 당량 무게) 사이에서 간단한 연관성을 발견하며 그 유용함이 입증되었다. 어떤 원소든 원자량에 비열을 곱하면 6.4(cal/g℃)에 근사한 일정한 값이 나온다는 실험적 연관성은 베르셀리우스가 보여주었듯이 원소의 원자량을 결정하는 데 유용함을 증명했던 것이다.

용어에서 짐작할 수 있듯이 열역학은 열이 기계의 실질적인 작동으로 변환되는 것과 관련된 학문이다. 1840년대에 이르러, 독일의 루돌프 클라우지우스(Rudolf Clausius, 1822-88)와 같은 물리학자들은 최초로 열역학의 법칙을 밝혔다. 이 법칙은 운동하는 분자의 열과 힘을 생성하는 능력의 척도인 에너지가 보존된다는 것이다. 그는 이 법칙으로 열기관을 통해 일이 수행될 때마다, 수행된 일의 양에 비례해 열량이 소모된다고 언급했다. 거꾸로, 동등하게 소모된 일의 양은 동일한 열량을 발생시킨다는 것이었다.

클라우지우스는 측정이 불가능한 라부아지에식의 칼로릭과는 대조적으로 입자의 역학적 운동으로 열을 이해하는 새로운 분자 관점의 해석 방법을 장려했다. 물리학자 클라우지우스는 해리(解離)라는 화학적 변화를 인지할 정도로 충분히 화학을 알고 있었고, 영국 윌리엄슨의 에테르화 메커니즘에 대한 연구에 고무되기도 했다. 열이 분자들을 서로 떼어놓았으며 결합된 입자들 사이에서 고유한 친화성이나 인력을 감소시켰다. 하지만, 실제 반응에서는 친화력과 열손실이 평형상태로 들어서는 단계가 존재했다.

1873년, 또다른 독일 화학자인 아우구스트 호르스트만(August Horstmann, 1842-1929)은 어떤 특정한 반응과 평형에서 화합물이 어느 정도로 해리가 진행되는지를 고민하며 열역학을 더욱 발전시켰다. 그는 클라우지우스의 연구에 주목하면서, 모든 해리의 한계는 반응이 최대에 도달하는 엔트로피[20]에 달려 있다고 가정했다.

비록 기니피그를 연구에 사용했던 라부아지에의 목적은 탄소가 연소되며 이산화탄소가 되었을 때에 방출한 열과 기니피그의 체열을 비교하는 것이었지만(3장 참고), 이 실험은 다른 많은 화학자들이 반응열을 연구하게 만드는 추동력이 되었다. 1838년과 1840년 사이에, 베르셀리우스의 러시아계 제자인 게르마인 헤스(Germain Hess, 1802-50)는 화학반응에서 방출한 열(이후 엔탈피라고 이름 붙었다)은 그 반응이 한 번에 일어나든 몇 단계에 걸쳐 일어나든 결국 총합은 항상 일정하다는 것을 보여주었다. 이 이론은 곧 화학에서 흔히 볼 수 있는 사람 이름을 딴 수많은 규칙 중 하나인 헤스의 법칙(Hess's law)으로 알려지게 되었다. 열역학 제1법칙에 대한 물리학자들의 공표로 헤스의 법칙은 단순히 에너지가 생성되거나 소멸될 수 없다는 사실의 결과임이 명백해졌다.

화학자들이 열역학 제 2법칙을 도입하는 것은 무척 더뎠다. 무엇보다도 엔트로피의 개념을 이해하지 못했거나 어떻게 이 법칙을 그들의 실험 실습에 응용할 수 있는지를 알지 못했기 때문이다. 심지어 열역학 표기법과 방정식을 따르는 데에 필수적인 수학적 지식을 가진 화학자들조차도 이를 쉽게 받아들이지 못했다. 게다가 1870년대 중반 미국의 물리학자 J. 윌러드 깁스(J. Willard Gibbs, 1839-1903)가 만든 화학 평형(chemical equilibria)에 대한 놀랍도록 정확한 수학적 논의의 등장으로 상황은 더욱 힘들어졌다. 깁스가 700여 개의 방정식으로 채운 세 편의 논문은 평범한 화학자들을 좌절시키는 듯 보였고 심지어 뉴턴 이후 영국의 가장 위대한 물리학자였던 제임스 클라크 맥스웰(James Clerk Maxwell)조차 이를 이해할 수 없었다. 하지만, 일찍이 오스트리아의 물리학자 루트비히 볼츠만(Ludwig Boltzmann, 1844-1906)이 1870년대에 기체 입자의 움직임을 통계적 평균치로 설명한 이후(통계역학) '무질서도'라는 면에서 엔트로피를 이해하는 것이 다소 용이해졌다. 즉 엔트로피가 높을수록 물질 분자 체계안에서 무질서도가 커졌다. 이윽고 엔트로피는 화학반응의 동력이 되었다. 고체에서 액체를 거쳐 기체로 이동하는 물리적인 변화에서, 분자들이 점점 더 무질서해짐에 따라 엔트로피는 증가했다.

화학자에게 적합한 열역학 교재는 화학 분야에서 화학자들에게 수학을 가르치기 시작한 1900년대에야 등장하기 시작했다. 하지만, 표기법과 기호, 더하기와 빼기 표시들이 일관되지 않게 사용되었고, 1923년에 미국의 화학자인 길버트 루이스(Gilbert N. Lewis, 1875-1946)와 메를 랜들(Merle Randall, 1888-1950)의 열역학 교과서 출간 후에 일관성이 확립되었다.

물리화학에 명료함을 부여한 이들의 혁신 중 한 가지는 화학물질에서 '자유 에너지'에 관한 개념을 강조했다는 것이다. 자유 에너지는 화학적 공정에서 도출할 수 있는 일의 최대치를 의미한다. 자유 에너지는 1870년대에 깁스와 다른 학자들이 이미 소개한 개념이었지만, 화학반응에 대한 이해를 깊게 하고 유용한 수치 자료를 만드는 데에 자유 에너지가 어떻게 사용될 수 있는지를 보여준 인물은 루이스와 랜들이었다.

1908년에 헬륨을 액화시킨 것으로 가장 잘 알려진 네덜란드의 물리학자 카메를링 오너스(Kamerlingh Onnes, 1853-

1926)는 1909년 독일 기계 공학자들의 제안에 따라 실제 화학반응에서 생성될 수 있는 자유 에너지의 일부, 즉 정해진 온도점(녹는점이나 끓는점, 어는점 등) 사이에서 물질이 가질 수 있는 전체 열은 물질의 엔탈피(enthalpy, '내부 열'을 의미하는 그리스어)로 명명되어야 한다고 제안했다. 이 용어는 1950년대 이전의 화학 문헌에서 찾아보기 힘들었는데, 이 시기를 기준으로 화학적 친화력이라는 역사적 개념은 쓸모가 없게 되었고 열역학이 이 자리를 대신했다.

1960년대부터 열역학과 계산식, 그리고 이로 인해 생성된 데이터는 알파벳 "e"로 시작하는 세 가지의 용어로 표시했다. 그것은 각각 에너지(energy), 엔트로피(entropy) 그리고 엔탈피(enthalpy)인데, 보편적으로 각각 G(자유 에너지. 깁스(Gibbs)로부터 따왔다), S(엔트로피. 아마도 추상적인 용어로 증기 엔진의 작동을 처음 연구했던 프랑스 엔지니어 사디 카르노(Sadi Carnot)의 이름에서 따온 것으로 보인다) 그리고 H(엔탈피. 헤스(Hess)의 법칙에서 따왔다)로 표시되었다.

주기성

생화학자이자 과학 저술가인 아이작 아시모프(Isaac Asimov)는 한때 19세기 무기화학과 유기화학의 역사에서 흥미로운 유사성을 지목한 적이 있다. 두 분야 모두 화학자들이 그들이 다루는 물질들에 압도당한 것 같다는 것이다. 무기화학에서 프라우트를 비롯한 다른 무기화학자들은 너무 많은 원소들이 존재하는 것을 두드러지게 걱정하고 있었고, 뵐러가 그의 유명한 논평에서 정글로 변한 과목이라고 암시했듯이, 유기화학의 경우에는 너무 많은 화합물이 존재했다.

1850년부터 1880년까지 수십 년 사이에 원자가와 분자 구조의 개념이 등장하며 유기화학에 질서와 일관성을 가져다주었다. 이 시기에, 독일에서 공부한 러시아 화학자 드미트리 멘델레예프(Dmitri Mendeleev, 1834-1907)는 무기화학 분야에 질서를 부여했다. 이 질서들은 모두 전적으로 1860년 이탈리아 카를스루에(Karlsruhe)에서 처음으로 열린 국제 화학 회의(일명 카를스루에 회의)에서 발표한 칸니차로의 제안을 받아들이며 수립되었다. 즉, 동일한 온도와 압력에서 동일한 양의 기체는 동일한 분자 수를 포함한다는 아보가드로의 가설을 모든 화학자가 인정해야 한다는 것이었다. 이러한 규칙을 수용함으로써 유기화학자들이 고유한 실험식을 사용할 수 있게 합의한 원자량 목록을 제공할 수 있었고, 이는 분자 구조식을 결정하는 데 사용되었으며, 당시 합의된 원자량은 이후 멘델레예프의 주기율표가 만들어질 수 있도록 했다.

비록 많은 선구자들이 당시 알려진 60여 개의 원소들 사이에서 질서를 찾으려고 노력해오기는 했으나 결국 1869년에 멘델레예프가 자신의 화학 교과서를 구성하는 방안을 고민하는 과정에서 원소들의 주기성 규칙을 생각해냈다. 이 규칙에 따라 원소들이 원자량의 크기에 따라 배열되면서 알칼리 금속(리튬, 나트륨, 칼륨 등)과 할로겐(플루오린, 염소, 브롬, 요오드)과 같은 화학적으로 유사한 원소들끼리 단순한 묶음으로 나누고 그 성질에 따라 계단식 모양의 주기성표로 바꾸어 보여주었다.

화학자들은 이 상징적인 주기율표가 미지의 원소를 예측했기 때문에 받아들여졌는지 아니면 단순하게 18세기 친화력표처럼 알려져 있는 원소를 우아하고 기억하기 쉬운 방식으로 설명했기 때문에 선택되었는지에 관해 논쟁을 벌여왔다. 다만 1875년과 1879년에 각각 그 실체가 드러난 갈륨과 스칸듐처럼 당시까지 알려지지 않은 원소들에 대한 멘델레예프의 예측이 입증되기 전까지는 화학자들이 주기율표에 거의 관심을 기울이지 않았던 것이 분명해 보인다.

흔적이 조화하다

1666년, 뉴턴이 프리즘을 가지고 백색광은 여러 다른 색의 빛이 모여 이루어져 있음을 증명했던 사실은 잘 알려져 있다.

또한 주로 불꽃놀이 도구 제작자들의 도움으로, 많은 염물질이 형형색색의 불꽃을 내며 탄다는 사실 역시 인류는 꽤 오래 전부터 알고 있었다. 하지만 19세기에 이르러서야 미지의 물질 표본에서 특정 금속 또는 원소의 존재를 식별하기 위해 불꽃색을 이용하려는 진지한 시도가 이루어졌다.

독일 화학자 로베르트 분젠이 그의 이름을 딴 가스버너를 설계한 것은 하이델베르크 주변의 수원지에 어떤 원소가 존재하는지 확인하기 위해 불꽃색을 활용하며 연구하던 과정에서 나온 것이었다. 이 버너는 연소시에 나오는 정상적인 화염뿐만 아니라 불꽃 분석에서 필요한 약한 불꽃도 만들도록 설계되었다. 분젠은 하이델베르크대학교의 수석교수 시절 바덴 정부를 설득해 구스타프 키르히호프(Gustav Kirchhoff, 1824-87)를 물리학과장에 임명하는 데 성공했다. 바로 이 키르히호프가 빛을 특유의 스펙트럼으로 쪼갤 수 있는 프리즘을 이용한 불꽃 관찰을 통해 불꽃을 정밀하게 분석할 수 있다고 분젠에게 제안한 인물이다.

그들이 '분광기(spectroscope)'라고 이름 붙인 이 새로운 기구는 이전에 없던 강력한 분석 기구의 하나로 입증되었다. 이 기구는 다양한 형태와 기능으로 현대 화학에서도 아마 가장 중요한 분석 도구로 맥을 이어가고 있다. 분젠과 키르히호프가 1859년 이 기구의 완성을 발표했을 당시, 그들은 이 기구를 가지고 두 종류의 새로운 원소를 확인하고 분리했다는 것을 동시에 밝힐 수 있었는데, 두 원소는 바로 세슘(caesium)과 루비듐(rubidium)이었다. 그리고 채 5년이 지나지 않아 또 다른 두 종류의 원소인 탈륨(thallium)과 인듐(indium)이 분광법으로 발견되었다. 한편 분광기는 천문학에도 혁명을 일으키고 '우주화학'이라는 새로운 세부 학문 분야를 만들어냈다.

이제는 태양과 별, 그리고 멀리 떨어진 성운에 존재하는 원소들을 탐지하는 것이 가능해졌고, 심지어 1868년 영국의 천문학자인 노먼 로키어(Norman Lockyer, 1836-1920)가 헬륨이라고 명명했던, 알려지지 않은 원소의 존재를 태양에서 탐지하는 것도 가능했다. 헬륨의 발견은 화학자가 더이상 물질에 직접 접근해 물질을 확인하지 않아도 되는 최초의 원거리 분석 사례였다.

개개의 원소가 이처럼 독특하고 때로는 그 원소들의 흔적이 조화를 이룬 복잡한 스펙트럼을 가지고 있다는 사실 또한 신호들이 가진 의미와 원인에 대한 이론적인 질문들을 꺼냈다. 이때 다시 한번 프라우트의 가설이 고개를 들었다. 질문은 다음과 같다. 로키어가 1870년대에 태양 스펙트럼을 연구한 후 제안했던 것처럼, 원자량이 낮은 원소의 분광무늬 패턴을 무거운 원소의 스펙트럼에서도 감지할 수 있을까? 무거운 원소들은 별의 뜨거운 대기에서 원자량이 낮은 원소들로 붕괴하거나 '분리'되었을까? 당시 말투로, 왜 어떤 선들(the principals, 주요한 스펙트럼)은 두드러질까? 왜 어떤 선들은 다른 것보다 날카롭거나 더 퍼져 보일까? (이런 용어는 *s*, *p*, *d*, *f* 오비탈 표기법으로 20세기 양자화학까지 이어진다.) 원소들 사이의 스펙트럼 분포에서 찾을 수 있는 수학적인 패턴들이 존재할까?

이런 논제에 대해 피타고라스학파의 기이한 논문들이 다량으로 발표되었지만, 이는 1885년 스위스 물리학자인 요한 발머(Johann Balmer, 1825-98) 교수가 상수와 단순한 산술급수를 가지고 수소 스펙트럼의 첫 네 줄을 센티미터 단위의 파장과 연결하는 간단한 방정식으로 표현할 수 있다는 사실에 주목한 이후였다. 이러한 관찰은 1890년 스웨덴의 물리학자 요하네스 뤼드베리(Johannes Rydberg, 1854-1919)에 의해 더 명확해졌는데, 당시 적외선과 자외선으로 수소 스펙트럼을 연구하던 다른 분광학자들이 (뤼드베리슈스터 공식에서 뤼드베리리츠 공식에 이르는)일련의 뤼드베리 공식의 단순한 변형과 일치하는 새로운 분광 패턴들을 발견하기 전까지도 여전히 궁금증은 남아 있었다.

전자들이 원자핵 주위를 회전하는 단순한 행성 원자 모델을 구축한 덴마크의 닐스 보어(Niels Bohr, 1885-1962)가 막스 플랑크(Max Planck, 1858-1947)의 새로운 양자 이론을 가지고 계산했을 당시 전자가 원자 내 외부 궤도에서 내부 궤도로 이동하는 경우 뤼드베리 공식들을 따르며 에너지 손실이 생긴다는 것을 보여주기 전까지는 이 공식들은 어느 것도 제대로 설명되지 않았다.

결국 보어 덕분에 스펙트럼은 원자와 분자의 전자 구조들을 표현한 것으로 밝혀졌다. 1920년대 중반까지 분광학은 물리학과 무기화학을 상당 부분 통합시켰다. 보어는 주기율표를 지침으로 삼고 원자구조의 초기 이론적 모델을 이용해, 최초로 원소들이 가진 독특한 원자가에 대한 설명을 제공하는 방식으로 이미 알려진 원소 각각에 오비탈(전자궤도) 구조를 지정할 수 있었다. 따라서 주기율표 1족에 있는 알칼리 금속들은 모두 가장 바깥 궤도에 한 개의 전자를 가지고 있는 반면(예: 리튬, 2,1; 나트륨, 2,8,1 등), 7족의 할로겐 원소는 오비탈을 완벽하게 채울 수 있는 단 한 개의 전자가 부족했다(예: F, 2,7; Cl, 2,8,7 등). 18족 희유기체는 가장 바깥의 전자 궤도가 완전히 채워졌기 때문에 불활성 성질을 지녔다는 식이다.

이상 기체

로버트 보일은 공기 표본의 부피가 표본에 가해지는 압력에 반비례한다는 것을 입증한 공로로 과학계에서 여전히 가장 잘 기억되는 인물이다. 즉, 압력이 증가하면 부피는 줄어든다.

보일의 법칙은 알려진 바와 같이, 18세기 동안 분리된 개별 기체에서는 들어맞는 것으로 밝혀졌다. 19세기에 이르러 수리 해석학의 발전에 따라, 보일의 법칙을 pv=*k*라는 방정식의 형태로 설명할 수 있게 되었다. 여기서 p와 v는 각각 압력과 부피이고 *k*는 상수이다. 1780년과 1802년 사이에 프랑스 실험과학자들 또한 기체의 압력과 부피가 온도에 따라 어떻게 변하는지 보여주었다(샤를과 게이뤼삭의 법칙). 실제로 기체를 가열하면 부피가 팽창한다는 것은 직관적으로 알 수 있는 사실이었다. 1832년, 프랑스 엔지니어 에밀 클라페롱(Émile Clapeyron, 1799-1864)은 증기 엔진의 작동 이면에 있는 물리적 성질을 연구하는 과정에서 두 기체 법칙을 결합해 pv=*k*t로 알려진 이상 기체 상태 방정식을 만들었다. 여기서 t는 온도를 말한다.

비록 뉴턴이 일정 부피의 공기나 기체를 구성하는 입자들 간 척력의 측면에서 보일의 법칙에 대한 합리적인 설명을 제공하기는 했지만, 1850년대에 이르러서야 클라우지우스 덕분에 정교한 기체 운동 이론이 등장했다. 클라우지우스는 움직이는 기체 입자들을 상상함으로써 온도는 전적으로 입자들 집단의 운동 에너지 함수라고 제안했다. 그리고 프랑스 실험화학자 앙리 르뇨(Henri Regnault, 1810-78)가 발표한 데이터를 사용하여 이상적인 기체에 대한 일반 방정식 pv=*R*t로 기술한 것을 공식화했다. 여기서 온도 t는 몇 해 전 스코틀랜드 글래스고 출신인 물리학자 윌리엄 톰슨(William Thomson, 1824-1907)에 의해 알려진 절대온도 척도인 캘빈 온도로 표현되었다. (클라우지우스는 르뇨와 클라페롱 두 인물에 대한 헌정의 의미로 기체 상수로 이전의 k 대신 기호 *R*을 부여했는데 이미 **비율**(ratio)을 대표하는 상징으로 사용되고 있었다.)

기체와 유사하다

용액(전해질)을 통해 전류가 발생하는 작용은 알레산드로 볼타(Alessandro Volta, 1745-1827)가 1800년에 발명한 볼타 전지의 성질을 설명한 이후로 화학자들의 흥미를 불러일으켰다. 전기분해법은 1850년대까지 무기화학과 유기화학을 지배했던 베르셀리우스의 가장 중요한 전기화학 이론의 발전을 이끌었다.

전기분해가 진행되는 동안 정확히 무슨 일이 일어나는지 알아내는 것은 1830년대 패러데이에게 가장 중요한 연구 주제 중 하나였다. 마이클 패러데이(Michael Faraday, 1791-1867)는 용액에서 분해된 화학 화합물의 양이 소모된 전기량에 정비례한다는 것을 밝혀냄으로써 '전기분해법(electrolysis)'(1831년 케임브리지의 학자 윌리엄 휴얼이 패러데이를 위해서 만든 신조어)을 정량적 연구에 적용한 최초의 화학자였다. 따라서 황산구리 용액이 전류에 노출되었을 때 캐소드(cathode, 패러데이가 회로의 음극 단자에 붙인 용어)에 침전된 구리의 양은 소모되는 전기량에 따라 달랐다.

동일한 양의 전기에서 생성된 전기화학적 침전물의 질량을 비교함으로써 패러데이는 또한 침전물이 해당 원소의 등량이나 원자량의 비율임을 보여줄 수 있었다. 이러한 일반화는 그램당량[21]을 결정하는 새로운 방법을 제공했을 뿐만 아니라 물질의 성질이 전기와 밀접하게 관련되어 있음을 확인시켜주었다. 베르셀리우스의 염 이론에 따라, 패러데이 역시 전류가 황산구리 분자를 양전하를 띤 구리와 음전하를 띤 '황산' 그룹으로 분리한다고 가정했다. 휴얼의 이론을 채택하면서, 그는 이러한 전하를 띤 분자에 이온(ions)이라는 이름을 붙였고 음전하인지 양전하인지에 따라 '음이온(anions)'과 '양이온(cations)'으로 불렀다. 용액에 이미 이런 이온들이 존재한다는 점은 가정하지 않았다.

1850년대 내내 클라우지우스는 그의 기체 운동론을 발전시켰고 그 결과로 액체와 기체 상태 모두에서 분자가 끊임없이 서로 충돌하고 자리를 교환한다고 시사했다. 클라우지우스는 이 사실을 주장하면서 라디칼 물질들이 복분해를 하며 위치를 바꾸는 에테르화에 관한 윌리엄슨의 연구를 활용했다. 클라우지우스는 전해질의 부분적 해리와 이온화가 존재한다고 주장한 최초의 화학 물리학자였다.

판트호프는 유기화학에서 입체 이성질체는 유기 분자 집단이 사면체를 둘러싸듯이 배열되어 있다는 사실에 근거를 두고 배위결합에 관한 뛰어난 증명을 한 후에, 그의 관심을 물리화학과 친화성이라는 오랜 숙제로 돌렸다. 그는 질문했다. 친화력을 측정할 방법이 있을까? 아마도 그는 친화성이 삼투압(용매가 반투막을 통과해 퍼지는 것을 막아내는 데 적용되는 힘)과 관련 있을 것이라 생각한 모양이다. 식물의 생명 현상인 삼투성에 본래부터 관심이 많았던 식물학자들은 일찍이 삼투압을 측정하는 편리한 기구를 개발했고, 판트호프는 (고형염 결정수로 만들어진) 염의 친수성을 측정하기 위해 반투막을 사용하기 시작했다.

이 네덜란드의 화학자는 실험중에 삼투압과 이상 기체 방정식의 압력이라는 요소 사이에 유사성이 존재한다는 사실을 갑자기 깨달았다. 기체 상태에서는 압력이 부피에 반비례하는 반면, 용액의 경우 삼투압은 용매나 용질의 종류에 상관없이 용액의 농도와 정비례했던 것이다(즉, 부피에 반비례한다). 삼투압은 기체 법칙$pv=nRt$(여기서 n은 존재하는 분자 수의 측정치, 즉 분자량)을 따르며 동일한 삼투압 및 온도에서 동일한 부피의 용액은 동일한 수의 분자를 포함한다는 결론을 내렸다.

엄밀히 말해서 같은 온도와 압력에서 동일한 기체의 부피에는 정확하게 같은 분자 수가 들어 있다는 것이다. 만약 이것이 아보가드로의 가설처럼 의심스럽게 들린다면, 완벽한 기체와 희석 용액 안의 용질의 거동 사이에는 틀림없이 유사성이 있기 때문이다.

추가된 실험 결과에 따르면 분자가 점유한 부피를 무시할 정도로 희석 용액이 크지 않은 한 기체 법칙에서 상당한 편차가 있었다. 설령 그렇더라도 무기염 용액은 기체 법칙이 예측한 것보다 훨씬 높은 삼투압 수치를 나타냈다. 동일한 양의 서로 다른 염을 물에 첨가했을 때 어는점 내림 측정에서도 유사한 차이점이 발견되었다. 이에 낙담하지 않은 판트호프는 실험적 보정 계수 i를 기체 방정식에 추가해 $pv=iRt$ 로 만들었다. 흥미롭게도, 계수 i는 항상 1보다 커야 하는 것처럼 보였다. 가령 염산의 경우 1.98이었고, 황산나트륨의 경우 1.82였다. 이러한 연구 결과들과 의견들이 1885년에 출판되었고 스웨덴에서 박사과정을 밟고 있던 한 젊은 학생의 관심을 끌었다.

이온 이론

스반테 아레니우스(Svante Arrhenius, 1859-1927)는 스웨덴 웁살라 근처의 베크 지역에서 한 부동산 관리인의 아들로 태어났다. 스톡홀름대학교에서 1884년 박사학위를 위해 전해질의 성질을 연구하기 이전에는 지방에 있는 웁살라대학교에서 화학과 물리학을 공부했는데, 학위 논문이 좋은 평을 얻지 못해 수년 동안 교수 자리를 얻기 어려웠다.

1887년에 아레니우스는 '해리 이론'을 발전시켰다. 그의 이론에 따르면, 농도가 약한 전해질에서는 전위차가 가해지기 전에 이미 전해질 속의 분자들이 해리(이온화)된 상태로 존재해야 했다. *i*가 해리의 척도이고 희석 용액이 일반적인 기체 법칙 pv=*iR*t을 따르는 그의 이론은 삼투압에 대한 판트호프의 견해와 아름답게 묶여 있었다. 아레니우스와 함께 판트호프, 그리고 독일인 빌헬름 오스트발트(Wilhelm Ostwald, 1853-1932)는 1887년에 〈물리화학 저널Zeitschrift für physikalische Chemie〉을 창간했다.

비록 짙은 농도의 전해질에서 이온 이론(ionic theory)이 가진 난제에도 불구하고(1930년까지 전해액의 반응은 만족스럽게 설명되지 않았다), 이 이론은 화학자와 생화학자들 사이에서 급속도로 사용되었다. 1889년 아레니우스는 화학적 반응 역학에 화학 평형의 온도 의존도에 관한 판트호프의 방정식을 적용했고, 결국 반응성은 그가 '활성화 에너지(activation energy)'로 불렀던 것에 전적으로 의존적이라는 사실을 보여주었다. 분자들이 반응하기 위해 특정한 임계 에너지를 필요로 한다는 개념은 생명계 내의 반응 메커니즘을 이해하는 데 있어 기본 원칙으로 입증되었다.

아레니우스는 1903년 그의 전해질 해리 이론으로 노벨 화학상을 수상했는데, 한편 이 이론은 생화학자들이 수소 농도의 pH 척도를 만들고 과도한 산성이나 알칼리성에 대해 어떻게 살아 있는 조직이 스스로 생명 시스템에서 항상성의 기초인 '완충작용'을 했는지 이해할 수 있게 해주었다. 아레니우스는 과학계에서 국제적인 인물이 되었다. 그의 독창성은 확립된 학문의 경계에서 서로 다른 분야를 넘나드는 능력에 있었는데, 후대의 많은 화학자들도 이에 능숙했던 것으로 알려졌다.

반응 속도론

18세기 말 베르톨레는 조지프 루이 프루스트와 벌인 논쟁에서 만약 반응물 중에 한 반응물이 다른 반응물에 비해 훨씬 많은 경우 다른 반응물과 일정하지 않은 양으로 불가피하게 결합할 수밖에 없다는 근거로 화합물이 일정한 비율로 생성된다는 프루스트의 의견에 반대했다. 베르톨레는 각각의 반응물 질량들이 결합 과정과 결과에 영향을 미칠 수밖에 없다고 생각했다. 1850년대에 이 질량 작용 법칙(law of mass action)은 윌리엄슨에 의해 제기되었는데, 그는 화학반응이 빈

번하게 동적 평형 상태로 진입했으며 한 반응물의 농도가 증가하면 전체 반응은 특정 방향으로 이동된다고 주장했다.

평형에 질량이 관여한다는 개념은 1863년 노르웨이의 수학자이자 화학자 카토 굴드베르그(Cato Guldberg, 1836-1902)와 그의 동료 화학자 페테르 보게(Peter Waage, 1833-1900)에 의해 구체적으로 연구되었다. 그들은 반응물질의 농도와 생성물의 형성 속도 측면에서 윌리엄슨의 개념을 수식으로 표현했다. 가령 정반응이 역반응보다 두 배 빠르면 평형이 오른쪽으로 멀어지고, 반대로 역반응이 정반응의 두 배라면 평형이 왼쪽으로 이동한다는 것이다. 두 경우 모두 반응 속도는 분자 간 충돌 빈도에만 달려 있었다. 반응물질의 농도를 높임으로써 정반응 속도를 높일 수 있었다.

굴드베르그와 보게는 농도를 표시하는 대괄호를 사용하여 물질 농도를 나타냈고, 역반응 농도 〔C〕〔D〕를 정반응 농도 〔A〕〔B〕로 나눈 값이 상수가 되는 것을 보여주며 이를 '평형 상수'로 명명했다. 이 상수는 화학반응 속도론과 화학반응의 메커니즘을 이해하는 데 중요한 역할을 하게 되었다. 하지만, 그들은 노르웨이어로 논문을 썼기 때문에 1880년대에 이르러서야 그들의 연구가 주목받고 활용되기 시작했다.

변화하는 연구실

화학 연구 과정에서 등장한 주된 문제점은 상당히 분명했다. 화학자들은 불쾌하고 때로는 유독한 가스를 만든다(영국 학생들은 1870년대부터 화학에 '악취'라는 별명을 붙였다). 실험실 공기는 열린 창문 이상의 환기 장치가 필요했다. 창문은 한 사람의 실험자에게는 충분할지 모르지만, 이삼십 명의 학생이 모여 실험하는 공간에는 적합하지 않았다.

1860년대 이전에 이러한 환기 문제를 처리하는 일반적인 방법은 굴뚝 후드가 보조하는 환기용 창문을 사용하거나(리비히가 사용한 방법), 지하인 경우에는 실험실을 주 배수관과 굴뚝에 인접하게 설치하는 것이었다(왕립연구소 및 이후 제약학회에서 사용한 방법). 약학회의 연구실(1842)은 실제로 블룸즈버리광장에 있는 가옥의 뒤뜰에 세워졌으며, 천창과 함께 슬라이딩 방식의 배출구가 가스 증발이 이뤄질 수 있는 메인 굴뚝으로 연결되었다. 싱크대의 배수구는 도시 하수구로 곧장 통했다. 황화수소 가스 역시 바로 사용할 수 있었으며 자체 환기용 굴뚝에 연결되었다.

제약학회의 실험실 설계는 그 안에서 연구하는 화학자들에게는 충분히 효과가 있었지만, 떠다니는 냄새는 실험실 위쪽 방에 있는 사람들의 삶을 불편하게 만들었다. 그 결과로 1860년대에 실험실은 건물의 꼭대기 층으로 옮겨졌다. 여러 과학 수업을 위한 실험실이 모여 있는 경우에는 '화학자들을 하늘 가까이에 두자!'가 적절한 해결책이었다. 그럼에도 불구하고 1870년대에는 더 강력한 환기 시스템이 필요하다는 것이 분명해졌고, 환기구를 통해 공기를 빨아들이는 전기 환풍기를 지붕에 설치해 이 문제를 해결했다. 환기 후드, 샌드배스(온도 보존용 뜨거운 모래 그릇), 건조 오븐 및 필터 펌프에 용수를 공급하는 시설은 설계에 필수 사양이 되었다. (그림 14 참조)

19세기 말 물리화학의 부상은 실험실 설계에 보다 큰 변화를 가져왔다. 자외선과 적외선 분광기, 분광 광도계, X선 카메라, 질량 분석기, 크로마토그래피 같은 실험 기구와 기술들은 물질을 분석하고 그 구조를 바로 알려주는 새롭고 더욱 간단하며 빠른 방법을 제공하기 시작했다. 이러한 물리적 측정 방법은 1960년대에 이르러서는 (약품과 가열로 인한) 습식 및 건식 분석 방법을 완전히 대체했다. 결국 오늘날에 이르러서는 리비히와 콜베 시대의 전통적인 실험실 작업대에서 볼 수 있었던 각종 시약을 얹는 선반의 비계가 제거되며 일반적인 책상 모습으로 돌아갔다.

14. 유니버시티 칼리지 런던에 있는 버크벡 실험실을 묘사한 1875년 석판화. 앞부분 영역은 주로 학교에서 시범수업시 사용되었다.

비활성기체

1890년대에 물리학자 레일리(Rayleigh, 1842-1919) 경과 화학자 윌리엄 램지에 의해 이른바 희유기체(稀有氣體) 혹은 비활성기체(不活性氣體)가 우연히 발견되었다. 이후 램지가 주기율표에 이 기체들을 새로운 그룹으로서 배치한 것 또한 주기성 규칙의 유용성을 입증하는 데 큰 역할을 했다. 물론 심각한 난제들은 여전히 남아 있었다. 특히 동일한 성질을 가진 소위 희토류 원소(란타넘 원소)처럼 원자량이 큰 원소들을 주기율표상 어디에 배치할 것인가는 문제였다. 하지만 그 해결을 위해서는 1890년대 이후에 X선, 방사능, 그리고 전자가 발견되며 원자의 구조에 대한 새로운 통찰력이 생기기를 기다려야만 했다.

램지와 많은 화학자들이 희유기체를 가지고 화합물을 만들려고 수없이 시도했음에도 불구하고, 그 기체들은 완고하게 불활성 상태를 유지했다. 지금까지 화학자들에게 알려진 모든 원소와 화합물은 변환(전환)과 변화를 보였지만, 이 기체들은 전혀 반응하지 않았다. 물론 화학자들은 몇몇 물질의 상대적 안정성(불활성)에 익숙해 있던 터였다. 가령 기체로 존재하는 질소나 금속 중에 금과 백금, 혹은 유기 화합물 중 하나인 파라핀 같은 것들이다. 하지만 열과 전기 또는 압력에 기인한 강한 힘을 받았을 때 그런 물질들은 항상 변화했다.

가령 아르곤은 어떠한 물리적 조건에 놓여도 반응하지 않았다. 더군다나 아르곤의 원자량이 결정되었을 때, 아르곤은 일반적인 다른 원소의 기체들과는 달리 홑원자라는 것이 분명했다. 아르곤과 이와 비슷한 종류의 비활성 원소들이 가진 비활성 성질에 관한 설명은 닐스 보어가 전자껍질 모델을 만들어내고 나서야 비로소 밝혀졌다. 보어 모델에서 비활성 기체는 원자의 가장 바깥 껍질에 필요한 전자를 전량 채운 상태이다. 라이너스 폴링(Linus Pauling, 1901-94)이 1932년에 지적한 바와 같이, 만약 불활성 기체가 불소처럼 매우 강력한 반응물에 반응한다면 이와 같은 전자껍질의 완전한 채움이 반드시 화합물 생성을 방해하지는 않을 것이다. 왜인지 폴링의 의견은 주목받지 못했고, 1962년에 와서야 닐스 바틀렛(Niels Bartlett, 1932-2008)이 첫번째 비활성 기체 화합물인 플루오르화제논(xenon fluoride)을 만들었다.

학회를 조직하는 화학자들

19세기 초기 화학의 발전이 프랑스를 선두로 그다음 주자인 독일에 의해 주도되었음에도 불구하고 화학자들이 화학회를 처음 조직한 것은 영국이었다. 런던 화학회(현재 왕립화학회)는 주로 유럽 대륙의 화학 발전, 특히 유기화학 분야에서 자국의 화학자들이 뒤처지고 있다는 분위기에 응하여 1841년에 설립되었다. 그 뒤를 이어 프랑스는 1857년에 프랑스 화학회(The Société chimique de France)를 설립했다. 런던 화학회의 주역이었던 호프만은 1865년에 베를린대학교의 총장에 임명되자마자 독일 화학회(Gesellschaft Deutscher Chemiker)를 조직했다. 다른 나라들도 빠르게 뒤따라 학회를 만들었고, 가장 중요하게 눈여겨볼 부분은 1876년에 미국 화학회(ACS, American Chemical Society)가 결성되었다는 사실이다. 이는 앞서 펜실베이니아에 있는 조지프 프리스틀리의 저택에서 열린 산소 발견 100주년 기념식에서 나눈 논의의 결과였다.

각 학회는 각자의 저널로 연구 진행 기록과 결과 보고서를 출판하기 시작했고, 이는 결국 국가적 화학 공동체를 형성하는 역할을 했다. 그 결과로 1880년대에는 화학자가 다양한 언어와 다양한 전문 분야에서 살펴봐야 할 문헌이 급증했다. 그멜린과 바일스타인의 편람처럼 이미 출판된 논문에 대한 안내서와 개론뿐만 아니라 요약본과 번역서도 필요하게 되었다(4장 참조).

거리의 가혹함을 줄여준 운송수단의 변화로 화학자들의 국제적 회의가 가능해졌고, 처음에는 표준을 결정하기 위해 열렸다. 표준 관련 회의는 1858년에 케쿨레와 그 동료들이 화학자들을 카를스루에로 불러 원자량에 대한 기준을 제정하면서 시작되었고, 유기물질의 용어 체계를 공식화하기 위해 개최된 1892년 제네바 회의로 이어졌다(4장 참조).

세부 전문 분야의 엄청난 증가로 곧바로 분석화학과 무기와 유기화학 및 물리화학이라는 부문 내에서도 특정 주제를 중심으로 하는 세부 회의체가 마련되었다. 예를 들어, 물리화학 부문 내 전문 학회인 패러데이 학회는 1903년 런던에서 설립되었으며 1923년에는 전기화학 이론에 관한 모임을 열었다. 연구와 회의 참석으로 해외를 이동하며, 서로 다른 학문과 산업적 맥락에서 일어난 교류는 스웨덴 역사학자 스타판 베리빅(Staffan Bergwik)이 언급했던 것처럼 '여러 연구소와 대학 그리고 여러 학회와 기업을 관통하며 자연과학이 이동하는 모세혈관망'을 20세기와 당시의 화학자들이 만들었다는 것을 의미했다.

'반응에서 무엇이 변했는가?', '얼마나 빨리 변화가 일어나는가?' 그리고 '변화는 얼마나 완벽했는가?'라는 질문에 답을 하면서 물리화학자들은 화학을 훨씬 더 수학적으로 만들었다. 이것은 화학 학문 분야가 20세기에 들어서며 겪은 수많은 중대한 변화 중 가장 먼저 마주친 일이었다.

제 6 장

합성

화학의 모습과 규모는 20세기에 일어난 일련의 변혁으로 요동쳤다. 두 번의 세계대전이 있었다. 화학 산업의 공급 자원은 석탄에서 석유로 옮겨갔다. 물리적 측정 기구가 도입되었고 양자 역학과 전자 공학 이론도 등장했다. 그리고 개인화되었던 이전 세기의 연구와는 대조적으로 규모를 갖춘 과학을 창조하기 위해 학계와 산업계가 조직화되었다.

이러한 중요한 변화들의 저변에는 천연 화학물질의 합성과 인공 화학물질의 창출이라는 과제가 있었다. 화학 분야가 겪은 변화와 동반하여 이 과제에 대해 당시까지 유럽이 점하고 있었던 우위는 미국으로 옮겨갔고 1960년대 이후 소련, 일본, 중국에 새로운 연구 중심지가 등장했다. 이러한 세계화의 변화에 밀접하게 연관된 것은 두 번의 세계대전과 소위 '냉전'의 영향이었는데, 사실상 물리학의 세계에서 벌어진 것처럼 정부와 군부가 지원한 연구가 대부분의 화학 연구 활동을 결정했다.

다른 극적인 변화는 남성 지배적 직업이었던 화학 분야에서 여성 종사자 수가 점점 증가했다는 것이다. 화학 실험 그 자체로 보면, 1950년 이후 건식과 습식 분석이 사실상 사라지고 전자 기계로 대체되며 기구적 혁명이 일어났다고 할 수 있다. 같은 이유로 화학을 가르치는 방식과 교과서 집필 방식도 필연적으로 변화되었다.

마지막으로, 역사적으로 항상 약학과 의학에 밀접한 관련이 있기는 했지만, 제2차세계대전 이후 화학은 생물학 쪽으로 결정적인 변화를 일으켰다. 또한 천체화학, 지구화학, 재료화학이라는 명칭이 암시하듯 일부 논평가들은 화학을 자연과학의 다른 영역들에 유용한 과학으로 바라보았다. 하지만 또다른 논평가들에게 이는 화학이 다른 과학 학문에 스며드는 것으로 보였다. 화학이라는 학문 그 자체는 자연을 연구하는 중심 과학인 필수적인 기초 학문이 되었다.

유기 합성의 시작

연금술사들, 고대 화학자들, 그리고 현대 화학자들은 항상 자연을 모방하고 개선하는 데 관여해왔다. 옥스퍼드 영어사전(OED, Oxford English Dictionary)에 따르면, '**합성**(synthesis)'이라는 용어는 부르하버의 제자이자 뉴턴을 추종했던 영국인인 피터 쇼(Peter Shaw)가 강의에서 처음 사용된 것으로 기록되었다. 라부아지에는 '공기'와 물을 성공적으로 분석하고 합성했다. 그 저서인 『화학원소*Elements of Chemistry*』(1790)에서 물질(18세기 친화력표에 묵시적으로 언급된 어떤 물질이라도)은 분석되고 합성되지 않는 한 화학자는 물질의 구성을 알고 있다는 것을 결코 만족해서는 안 된다고 언급했다.

19세기 초에 이르러서, 동물, 식물, 광물로 물질을 분류하던 기준은 광물/무생물체와 유기체라는 이원화로 간소해졌다. 뵐러가 요소를 인공합성(4장 참조)하며 분자의 이성질 현상을 확인했고 유기 화합물도 동일하게 돌턴의 법칙을 따르며 인간이 유기 화합물을 만드는 것이 가능하다는 사실을 입증했다.

하지만 당시 화학자는 이성질체 분자와 일반적인 유기 화합물에서 원자 배열이 달라지는 방식을 어떻게 결정할 수 있었을까? 해답은 유기 화합물의 현저한 **변화**(metamorphosis)나 구성이 어느 정도 알려진 간단한 생성물로 유기 화합물을 분해하는 분석 방법을 통해서다. 이런 이유로 유기 화합물에 대한 초기 수많은 논문이 'x, y, z 등의 변화에 대하여'라는 제목을 달고 있다. 사실상, 당시 화학자들은 합성 대신 (변형 혹은) 변화라는 용어를 사용했고, 익히 알고 있는 일반적인(또는 매우 유사하거나 관련 있는) 분해 생성물로 분리하고 식별하는 것이 모체인 유기 화합물의 구조에 대한 이해로 이어지기를 바랐다.

리비히와 그가 근무했던 기센에 있는 대학교는 정제 기술이 개선된 **칼리아파라트**(Kaliapparat)라는 실험 기구를 마련했다. 화학량론(化學量論, 화합물을 이루는 원소들의 구성비를 수량적 관계로 다루는 이론)의 추론에 기반한 이론화학을 피타고라스식으로 해석하는 것이 가능해짐에 따라 정확한 정량 분석을 활용할 수 있게 되면서 '분석 합성' 또는 '합성 실험'이라는 연구 형태의 정통성을 수립했다. 화학자들이 당면한 과제는 그 자체로 도전이었다. 퀴닌$C_{20}H_{24}N_2O_2$의 실험식은 원자가 어떻게 배열되어 있는지에 대해 어떤 것도 말해주지 않는다. 그것은 마치 N_2QEUI_2에서 뜻이 분명한 단어인 퀴닌 QUININE을 찾아내도록 지시를 받는 것과 같다.

하지만 1830년대에 이르러, 화학자들은 그들을 안내할 베르셀리우스의 전기화학 이론과 게이뤼삭의 라디칼이라는 개념을 갖게 되었다. 분자 실험식, 분해 생성물의 분석, 그리고 라디칼과 전기화학 이론을 활용함으로써, 리비히와 그의 후임자들, 특히 런던의 왕립화학대학에서 연구하는 호프만과 같은 인물들이 분자 내 구성 원자들의 배열을 추론하기 시작했다. 예를 들어, 벤즈알데히드(benzaldehyde)와 요산(uric acid)의 변형 물질들은 **벤조일**(benzoyle, 벤조일기(基)라고도 한다)과 **우릴**(uril)이라는 라디칼 물질이 공통된 구조적 배열을 제공했다는 주장이었다. 1838년 출간한 리비히와 뵐러의 요산에 관한 100페이지 분량의 논문에서 약 16개의 새로운 유도체를 식별했다.

이러한 성공으로 리비히와 뵐러는 1838년에 다음과 같이 대담한 발표를 했다.

> 모든 유기물질의 생성은 더이상 생명체들만의 영역이 아니다. 우리 실험실에서 유기물을 만들어낼 것이라는 사실은 가능성이 있을 뿐만 아니라 확실하다고 보아야 한다. 앞으로 설탕, 살리신, 그리고 모르핀이 인공적으로 생산될 것이다. 물론, 우리는 이런 화합물들이 생겨나는 전구체들을 아직 알지 못하기 때문에 이 목표가 어떻게 달성될 수 있는지는 아직 알 수 없다. 하지만 우리는 그 정체들을 곧 알게 될 것이다.

런던에서, 호프만은 화학자들이 분자 내 원자의 배열에 대해 더 확신을 가질 수 있도록 시약 및 화학반응과 관련한 어휘를 규정했다. 호프만은 1843년에 출판된 톨루이딘(벤젠의 메틸아미노 유도체)에 관한 논문에서 분자의 변형과 분석 실험으로부터 수집된 정보가 화학자들이 퀴닌과 같은 가치 있는 생성물을 합성하기에 충분한 지점에 다다랐다고 선언했다.

호프만이 1849년에 주목했던 나프탈렌은 석탄 가스 생산 공정에서 풍부하게 얻을 수 있었으며 알칼리성 기반인 나프탈리딘, $C_{20}H_9N$ 〔C=6, O=8〕[22]으로 쉽게 변환되었다. 하지만 퀴닌의 분자식이 $C_{20}H_{11}NO_2$이라고 가정하면 두 물질의 유일한 차이는 물의 두 등량물 〔HO〕 정도였다. 호프만은 물을 첨가해 합성이 가능하기를 바랄 정도로 순진하지 않았다. 대신에 그는 결국 적절한 변형 반응이 발견될 것이라고 예측했다.

왕립화학대학교 연구실에 이런 염원이 팽배해 있는 상황에서 18세의 윌리엄 퍼킨(William Perkin, 1838-1907)이 1856년에 수소를 제거하고 산소를 첨가해 알릴(H2C=CH-CH2R), 톨루이딘($C_{10}H_{13}N$)을 퀴닌으로 변형하려 한 것은 그다지 놀라운 일이 아니다. 이 실험이 실패하자 그는 대신 아닐린(C_6H_7N)을 사용해보았고, 결과물로 얻은 아름다운 보라색 염료로 우연하게 영국의 염료 산업을 탄생시켰다. 호프만은 1865년 독일로 돌아가 퍼킨의 실험 방법을 그대로 복원했고 이를 보완해 결국 세계적인 독일 화학 산업을 창출했다.

프랭클랜드는 그가 지금까지 만들어온 유기 금속 화합물이 합성에 강력한 도움이 되리라는 것을 깨달았는데, 이는 화학자가 화합물의 원자 구성을 이해하기 위해 '돌을 하나하나' 쌓듯이 새로운 화합물을 만들어나가는 능력이 있다는 것을 의미했다. 그의 독일인 친구 콜베는 1845년에 이미 이황화탄소와 테트라클로로에틸렌 중간체를 통해 그 원소들로부터 우연히 아세트산을 만듦으로써 무기 화합물과 단순한 유기 화합물 사이에는 차이가 없다는 것을 보여줬다. 1863년과 1870년 사이에 프랭클랜드는 에테르와 다이카복실산과 하이드록시산을 만드는 데에 디에틸아연$(C_2H_5)_2Zn$과 아세트산에틸$(C_4H_8O_2)$을 함유한 다른 유기물 시약을 이용했다. 이와 같이 세밀한 연구 방법은 화합물의 구조와 관계를 명확하게 밝혀냈다. 그리고 한편으로 그의 연구 방법론은 화학 산업의 성장에 큰 의미를 지니게 되었다.

화학적 구조를 결정함에 있어서, 화학자들은 곧 규칙적인 양상을 따르는 화학반응을 사용하면서 분자를 다루는 데에 능숙해지기 시작했다. 가령 두 개의 탄소 원자로 탄소 사슬을 늘이기 위해, 두 개의 다른 알데하이드(CHO 그룹)를 지방산의 소듐염이 있는 상태에서 함께 가열하는 식이다. 그러면 두 알데하이드 물질은 탈수반응을 일으키며 동시에 사슬로 결합한다. 이 방법은 퍼킨이 계피산을 만들려고 고안한 이후로 퍼킨의 반응 또는 축합반응으로 알려지게 되었다. 호프만은 질소를 포함한 탄소 고리 화합물에서 분리가 일어나며 열린 사슬을 형성할 수 있는 반응을 고안했고, 이는 '호프만 분해'로 알려졌다. 20세기까지 유기화학자들은 이러한 수백 가지의 '유명한 반응들'을 배우고 외웠는데, 이 반응들은 모두 합성을 설계하는 데 이용할 수 있었다.

1860년, 마르셀랭 베르틀로(Marcellin Berthelot)는 합성이 '화학적 의미의 독보적인 요법'(즉 유기물은 생기력만으로 일어나지 않는다)이라며 처음부터 지녔던 신념을 기반으로 『합성에 기반한 유기화학*Chimie organique fondée sur la synthèse*』이라는 제목의 저서를 출간하며 유기 화합물의 합성 과정에 규칙을 정립하는 일이 가능하다고 생각했다. 하지만, 이전의 콜베가 그랬던 것처럼 그의 결과물은 이런 일을 하기에 터무니없이 부족했다. 유용한 (그리고 산업적으로 이용 가능한) 합성 경로에 대한 리비히와 호프만 그리고 베르틀로의 꿈과 희망이 실현되기 이전에, 새로운 유리 기구와 실험 기술을 개발하고 실험실을 짓고 분자 구조를 설계하는 데에만 10년이 더 걸렸다.

20세기 전반부에는 분자 구조의 결정과 자연에서 발견되는 화합물들의 합성이 주를 이뤘으며 1901년에 제정된 노벨상은 주로 이 부문에 수여되었다. 두 가지 대표적인 사례가 독일의 화학자 베이어와 피셔였다. 프로이센 군장교의 아들이었던 아돌프 폰 베이어는 베를린에서 태어나 하이델베르크대학교에서 분젠, 케쿨레와 함께 화학을 공부했다. 그는 베를린대학교와 슈트라스부르크대학교에서 유기화학을 가르쳤고, 이후 1873년 뮌헨대학교에서 리비히의 뒤를 이었으며 그 도시에서 여생을 보냈다. (그림 15 참조)

베이어는 1880년 천연염료인 인디고를 합성한 공로로 1905년 노벨 화학상을 받았다. 이후 화학회사인 바스프(BASF, Badische Anilin-und Soda-Fabrik)에 의해 상업적으로 규모가 확대된 인디고의 합성은 당시까지 이 염료를 천연으로 생산했던 농업 경제를 망가뜨리게 되었다. 그리고 유기화학자들이 천연물질을 합성할 수 있는 능력을 확인하는 계기가 되었다.

베이어의 제자인 에밀 피셔는 에를랑겐대학교와 뷔르츠부르크대학교에서 총장을 역임한 후, 1892년부터 베를린대학교와 새롭게 설립된 정부 출연 카이저 빌헬름 연구소에서 여생을 보낸다. 피셔는 복잡한 유기 화합물의 합성을 통해 베이어의 연구를 확장함으로써 당, 효소, 퓨린, 단백질의 정확한 구조를 입증할 수 있었다. 그로 인해 피셔는 생화학 및 거대분자(고분자) 연구를 위한 화학적 기틀을 마련하였고, 천연물 화학 분야에서 분해 및 합성에 관한 방법론을 정립했으며 이 방

15. 뮌헨대학교 학생들과 함께 있는 아돌프 폰 바이어. 1877년.

법론은 분자 구조 결정의 물리 분석과 기기 분석이 확고하게 정립된 1950년대까지 사용되었다.

그의 효소 작용에 대한 '자물쇠와 열쇠' 모델은 1894년에 발표되었고 매우 효과적이었음이 증명되었다. 1897년 피셔는 요산, 잔틴, 아데닌, 구아닌과 같은 생물학적으로 중요한 분자들이 그가 퓨린이라고 이름 붙인 복소환식(고리 구조에 탄소 이외의 원소를 함유한 환식 화합물環式化合物) 질소성 염기와 관련이 있다는 것을 밝혀냈다. 그후, 그는 상업적으로 베로날(Veronal)이라는 이름의 진정제(신경안정제)로 이용된 바르비투르산염 물질을 포함한 다량의 퓨린을 합성했다. 1899년 이후 피셔의 관심사는 단백질 구조로 바뀌었고, 단백질이 폴리펩타이드(polypeptide) 사슬에 묶인 아미노산으로 구성되어 있음을 증명했다. 1916년까지 그는 100개 이상의 폴리펩타이드를 합성했다.

피셔는 설탕과 퓨린 합성 연구에 대한 공로를 인정받아 독일인으로서는 처음으로 1902년 노벨 화학상을 수상했다. 검은 턱수염과 코안경을 걸친 피셔는 실험실을 군대 장교처럼 지휘했던 걸출한 인물이었다. 350명이 넘는 그의 학생 중에는 노벨 화학상 수상자인 프리츠 프레글(Fritz Pregl)(1923), 아돌프 빈다우스(Adolf Windaus)(1928), 한스 피셔(Hans Fischer)(1930), 오토 딜스(Otto Diels)(1950)가 있었고 의학상 수상자로는 카를 란트슈타이너(Karl Landsteiner)(1930)와 오토 바르부르크(Otto Warburg)(1931)가 있었다. 위험한 화학물질을 다루는 연구로 인해 건강이 나빠졌음에도 불구하고, 그는 제1차 세계대전 동안 독일의 화학물질과 식량 공급망을 구축했던 열성적인 애국자였다. 전쟁터에서 두 아들을 잃고 세상에 환멸을 느낀 그는 1919년 스스로 목숨을 끊었다.

하버드대학교에서 연구하고 있던 미국인 로버트 우드워드(Robert Woodward, 1917-79) 교수는 20세기 중반 가장 주요한 합성화학자였다. (그림 16 참조) 그는 퀴닌(1944), 콜레스테롤과 코르티손(둘 다 1951년), 엽록소(1960), 그리고 비타민 B_{12}(1976)를 성공적으로 합성했다. 그런데 아이러니하게도 그는 1965년에 합성 분야가 아니라 궤도 함수 대칭의 보존에 관련하여 양자역학에서 도출된 법칙의 추론으로 노벨상을 받았다. 이는 물리화학이 어떻게 1930년대 이후의 유기화학을 변화시키고 유기화학자들이 실현 가능한 합성 경로를 탐색하는 방식에 깊은 영향을 미쳤는지를 보여준다.

유럽에서는 글래스고의 알렉산더 토드(Alexander Todd, 1907-97)가 우드워드와 기량을 겨루었다. 그는 뉴클레오시드와 뉴클레오티드, 그리고 이들의 조효소의 구조와 합성뿐만 아니라 이 물질들의 인산화 반응과 관련된 문제를 규명하여 1957년 노벨 화학상을 받았다. 이 논문은 화학자가 아닌

16. 로버트 번스 우드워드, 미국의 가장 성공적인 유기화학자.

제임스 왓슨(James Watson)(동물학자)과 프란시스 크릭(Francis Crick)(물리학자)에 의해 1952년에 연구된 DNA 구조 해설에 필수적인 선행 연구가 되었다. 토드는 또한 아데노신삼인산, 비타민 B_{12} 및 식물과 곤충의 색소를 포함한 여러 천연물질을 광범위하게 연구했다. 그는 '전능한 토드 경'이라는 별명이 붙을 정도로 유기화학계에서 건장한 체격의 소유자였다.

플라스틱과 레진, 레이온과 나일론과 같은 중합체로 출발해 새로운 인공물질을 만들어내는 20세기 화학자들의 합성 능력은 천연물질들의 이러한 성공적 구조 분석을 뛰어넘었다. 반면에, 분자를 합성하는 능력이 반드시 유용하지는 않았다. 예를 들어, 심하게 감염된 상처를 치료해야 하는 전시의 압박 속에서 영국의 화학자들은 최초의 항생제인 페니실린을 합성하기 위해 많은 노력을 했지만, 생산 규모를 늘리기는 어렵다는 것이 증명되었다. 대신에 페니실린은 스트렙토마이신과 테트라사이클린처럼 구조가 이미 알려진 다른 항생제들과 마찬가지로 곰팡이를 직접 배양하여 제조되었다. 이 개조된 배양 기술은 곧 생명공학으로 알려지게 되었다.

변화와 치환의 과학으로서의 화학은 자연계를 완전히 뒤집었다. 자연의 모방은 자연과 결별하고 이를 뛰어넘어 인공세계를 구축할 가능성을 가져왔다. 하지만, 19세기 말에 시작된 원자의 심오한 구조에 대한 물리학자들의 분석이 없었다면 그 무엇도 가능하지 않았을 것이다.

전기의 시대

19세기 전기의 전도성에 관한 연구는 독일과 영국의 실험 과학자들의 뛰어나고 매우 가시적인 일련의 연구 활동으로 두드러졌다. 가장 두드러진 두 인물은 물리화학자인 요한 히토르프(Johann Hittorf, 1824-1914)와 물리학자이자 화학자인 윌리엄 크룩스(William Crookes, 1832-1919)이다. 그들의 연구는 독일 본 출신의 기계 제조 기술자인 요한 하인리히 가이슬러(Johann Geissler, 1815-79)가 고안한 성형 유리관과 진공 펌프 기술의 혁신과 개선이 아니었으면 불가능했다.

물리화학자인 히토르프는 압력 변화에 따라 기체의 분광 스펙트럼이 어떻게 변하는지 연구했다. 그는 기체 방전관을 설치하고 전력과 온도의 변화를 정량화하기 위한 실험중에 방전관 안에서 빛나는 인광 패치 위의 어두운 부분이 점점 커지는 것을 발견했다. 비록 그는 다른 과학자들이 이 현상을 음극선 개념으로 발전시키도록 남겨두었지만, 이 발견으로 인해 그는 음의 전극으로부터 이온이 방출된다는 결론을 도출했다.

1879년 무렵 히토르프의 연구는 그의 연구와는 전혀 다른 방향에서 기체 방전으로 접근한 크룩스에게 완전히 추월당했는데, 즉 방전관 안에서 일어났던 일에 대한 수수께끼에 대한 연구였다. 전도된 동안 남아 있는 백열광으로 진공의 품질을 평가하는 가이슬러의 기술은 크룩스가 '복사 물질'이라고 불렀던 물질의 네번째 상태에 대한 증거로 자신의 연구를 설명할 수 있도록 기여했다. 방전관으로 만든 그의 크룩스관은 유명해졌고 콘라트 뢴트겐(Conrad Röntgen, 1845-1923)이 1895년에 엑스선을 발견할 수 있게 했을 뿐 아니라 J. J. 톰슨이 전자에 대한 가설(1897)을 세울 수 있는 토대를 닦았으며 그리하여 전자로 둘러싸인 핵의 관점에서 원자모형을 만들 수 있는 길을 열었다.

톰슨은 전자가 아원자 입자임을 증명할 당시, 기체를 통과하는 방전 과정에서 동시 발생하는 보다 무거운 양전하 입자 연구로 십 년의 세월을 보냈다. 1912년, 톰슨은 그의 조수 프랜시스 애스턴(Francis Aston, 1877-1945)과 함께 스펙트럼을 기록하는 카메라를 사용하여 질량 분광사진기(mass spectrograph)를 만들었다. 이 장치에서 생성된 양극선 스펙트럼은 이온과 원소의 여러 동위원소를 구별하고 식별하는 탁월한 방법임이 입증되었다. 이 기기는 이후 50년 동안 많은 개선이 이뤄졌고, 질량 분석기로 이름을 바꾼 기기는 화학자들에게뿐만 아니라 과학과 산업 활동의 거의 모든 영역에서 주요한 분석 도구가 되었다.

멘델레예프가 주기율표에서 다루어야 했던 특이한 것들 중 하나는 '쌍의 역전 현상'이었다. 유사한 특성을 가진 원소 그룹에서 원자량 서열로 보면 뒤따르는 원소보다 높은 원자량을 가진 원소가 있었던 것이다. 예를 들어 텔루륨과 요오드의 원자량은 128과 127이었다. 하지만 주기율표에서 원자량 순으로 텔루륨 앞에 요오드를 배치하게 되면 분명히 요오드가 원래 속해 있던 7족인 할로겐족에서 벗어나게 된다. 멘델레예프에게 이 현상은 십중팔구 텔루륨의 원자량이 정확하지 않다는 사실을 시사했다.

원소쌍이 바뀐 이유는 프레더릭 소디가 1912년에 동위원소에 대한 설명을 제시하고서야 명백해졌다. 텔루륨과 같은 원소는 원자량이 128인 동위원소를 포함하여 최대 여섯 개의 동위원소를 가지고 있었다. 이는 원자량 127인 동위원소 한 개만 가지고 있는 요오드보다 더 큰 평균 원자량을 만드는 효과가 있었다.

비슷한 시기에 옥스퍼드의 물리학자 헨리 모즐리(Henry Moseley)는 원소의 X선 스펙트럼에서 가장 강렬한 선의 주파수를 사용하여 소위 원소의 원자번호나 핵 전하 크기 등 원소를 정렬하는 좀더 근본적인 방법이 있다는 사실을 보여주었다. 모즐리의 연구는 소디와 애스턴의 동위원소 연구 결과와 결합되어 멘델레예프의 주기율표에서 원자량이 반전된 이상 현상의 원인을 밝혀냈다. 1915년 갈리폴리에서 때아닌 죽음을 맞이하기 전, 모즐리는 발견되지 않은 여러 원소의 존재 가능성 역시 보여주었고, 이 원소들은 이후 수십 년 동안 점차적으로 확인되었다.

애스턴은 모즐리의 첫번째 X선 기구를 가지고 실험한 결과 네온이 두 동위원소의 혼합물임을 발표할 수 있었다. 그리고 몇 달이 지나지 않아 그는 '정수 법칙'을 발표할 수 있을 만큼 충분히 많은 원소를 분석했다. 정수 법칙이란 원자량을 산소(원자량 16)에 대하여 계산하면 프라우트가 제안한 바와 같이[23] 원자량이 모두 정수(整數)라는 것이다. 애스턴은 화학적 방법론에 의해 결정된 원자량은 단지 동위원소 성분의 상대적 분포량에 의해 야기된 '우연한 통계적 영향'일 뿐이라고 결론내렸다. 네온의 경우, Ne^{22}와 Ne^{20}(Aston이 도입한 명명법)의 상대적 분포량은 정수가 아닌 20.1이라는 원자량을 산출한다는 것이다. 프라우트의 가설은 결국 사실이었을까?

여기서 문제는 수소 질량이 변칙적이라는 것이었다. 질량 번호가 1.008인 수소는 정수 법칙을 따르지 않았다. 그에 대한 해답은 아인슈타인의 특수 상대성 이론과 에너지, 질량, 빛의 속도를 연결하는 유명한 공식인 $e=mc^2$에서 밝혀졌다. 미국의 괴짜 화학자인 윌리엄 하킨스(William Harkins, 1873-

1951)는 1915년에 원자는 전자에 둘러싸인 헬륨 이온들(여러 핵)로 간주된다고 발표했다. 헬륨 '원자들'이 원소의 원자들 안에서 매우 빽빽하게 뭉치면서 에너지의 형태로 질량이 줄어든다는 것이었다.

1920년에 애스턴은 수소 이상 현상을 설명하기 위해 하킨스의 묶음 개념을 고집했지만, 오히려 헬륨보다 수소 원자가 다른 원소들을 형성한다는 프라우트의 초기 개념을 사용했다. 원소들이 개별 질량 1.008인 수소 원자로부터 구성되었다고 가정해보자. 그는 수소핵 전하가 서로 상대적으로 멀리 떨어져 있는 경우 전체 질량은 단지 개별 질량이 더해졌을 것이라고 주장했다. 수소 이외의 원자의 경우에는 각각의 수소 원자가 압착되거나 묶이면서 결합 에너지가 형성되며 원자 내에서 질량이 손실되었을 것이라는 것이다.

애스턴이 1920년대 내내 질량 분석기의 정확도와 민감도를 서서히 개선하면서 정수 법칙이 정확하지 않고 편차가 많다는 사실이 명백해졌다. 애스턴은 정수로 계산된 결손 원자량을 실제 질량수로 나눈 차이로서 '비질량 편차(packing fraction)'라는 새로운 함수를 정의해 이러한 편차를 체계적으로 정리했다. 애스턴은 질량 수치에 대한 비율을 도표로 나타내는 간단한 곡선을 계산했고, 이는 핵의 다양성과 안정성을 설명하는 데에 중대한 도움이 되었다. 원자량과 원자번호에

덧붙여 비질량 편차는 곧 화학자와 물리학자에게 세 가지 원자 상수로 정의되었고, 애스턴은 동위원소와 원자량 정수의 법칙에 대한 연구로 1922년 노벨상을 받았다.

물리유기화학을 만들다

비록 19세기 유기화학이 분자 결합과 구조에 대한 지식을 바탕으로 일관성 있는 화학의 세부 학문 분야가 되었고, 무기화학도 주기율을 통해 질서가 잡히기는 했지만 화학은 본질적으로 수백 년 된 추출, 증류 등의 기술에 기초한 분석과 합성의 실험과학으로 남아 있었다. 어니스트 러더퍼드가 물리학자인 자신과 같은 '진정한' 과학자들에 비하면 화학자들은 우표 수집가에 불과하다고 폄하할 수 있었던 것도 이런 이유 때문이었다. 아이러니하게도, 이런 생각은 원자의 구조를 밝히는 러더퍼드 자신의 연구로 인해 크게 바뀌게 되었다. 원자 구조는 주기율표가 작동하는 이유를 설명했을 뿐만 아니라 왜 유기반응이 그런 방식으로 일어나는지에 관련한 새로운 개념을 내놓을 수 있었기 때문이다.

물리유기화학 분야에서 세 명의 주요 혁신가는 두 명의 영국 화학자인 아서 랩워스(Arthur Lapworth, 1872-1941)와 크리스토퍼 잉골드(Christopher Ingold, 1893-1970) 그리고 미국의 루이스 해밋(Louis Hammett, 1894-1987)이다. 랩워스는 19세기 구조 이론과 전자의 원자가의 모델을 연결한 과도기적인 인물이었다. 흥미롭게도 랩워스는 음악적 재능이 있는 세 자매 중 한 명과 결혼했는데, 세 자매 모두 각각 화학자와 결혼했다. 나머지 두 자매는 유기화학자인 W. H. 퍼킨 주니어(W. H. Perkin Jr., 1860-1929)와 실리콘 화학 분야의 선구자인 프레더릭 키핑(Frederic Kipping, 1863-1941)과 결혼했다. 이런 혼인 사례는 화학자들이 종종 음악적인 재능을 지녔다는 사실을 떠올리게 하는데, 가장 유명한 사례는 작곡가로 알려진 러시아의 유기화학자 알렉산드르 보로딘(Aleksandr Borodin, 1833-87)이다.

모든 화합물은 각각 하나의 독자적 구조를 지닌다는 19세기의 가설은 (화합물이 2종의 이성질체로 존재해) 한 구조에서 다른 구조로 서로 변환할 수 있는 토토메리 현상(tautomerism)에 대한 인식의 부족 때문으로 이내 밝혀졌다. 특히 G. N. 루이스가 물질은 원자의 바깥쪽 전자껍질에 8개 전자를 채우며 서로 결합한다는 이론을 내놓은 이후 화학자들은 점점 전자의 존재에 익숙하게 되었고, 랩워스는 다른 극성을 띤 원소나 화합물의 영향으로 이중결합한 유기 화합물에서 전자들이 이동하는 개념을 발전시켰다. 다른 측면으로 이 개념은 베르셀리우스의 초기 전기화학적 이론으로 되돌아가는 것을 의미했다.

랩워스의 개념은 1920년대 옥스퍼드대학교의 화학자 로버트 로빈슨(Robert Robinson)에 의해 채택되고 확장되었다. 1922년 전자의 운동에 일반적이고 상징적인 곡선 화살표 부호 사용을 도입한 사람은 바로 로버트 로빈슨이다. 하지만 로빈슨에게 전자는 자연 생성물의 구조를 이해하는 부속품이었을 뿐, 전자 이론 자체에는 큰 관심이 없었다. 이는 곧 당시까지 일반적으로 사용했던 동역학과 분광학, 그리고 그 외 여러 도구로 유기반응 메커니즘을 분류하는 연구에서 런던에 있던 경쟁자인 잉골드가 전자 이론을 이용하도록 맡긴 셈이 되었다.

잉골드는 1934년에 자신의 리뷰 논문과 그 이후의 최고 저서인 『유기화학에서의 구조 및 메커니즘*Structure and Mechanism in Organic Chemistry*』(1953)에서 치환 및 제거 반응 메커니즘이라는 동역학적 용어를 도입했다. 비록 잉골드의 초기 이론 연구 중 상당 부분이 마사 휘틀리의 제자이자 그의 아내인 힐다와 함께 이루어졌다는 점을 언급해야 하지만, 그와 웨일스대학교의 동료 에드워드 휴즈(Edward Hughes, 1906-63)와의 공동 연구는 한 세기 전에 있었던 리비히과 뵐러의 협력에 비견할 만했다.

한편, 뉴욕의 컬럼비아대학교에서, 루이스 해밋은 물리화학의 지식을 이용해 반응의 역학적 경로를 밝히는 데 사용될 수 있는 산도 측정 방정식과 속도 상수를 만들었다. 그의 천재적 재능으로 유기화학에서 반응의 속도 상수를 측정하는 간단한 방법을 개발했던 것이다. 이로써 화학자들이 특정한 반응 메커니즘을 더 쉽게 밝힐 수 있게 되었다. 비록 해밋의 선구적인 교과서 『물리유기화학*Physical Organic Chemistry*』(1940)은 10년이 지나도록 유럽에 거의 알려지지 않았지만, 이 책은 동역학적 용어를 도입한 것 외에도 세계대전 후 노벨상이 분명히 보여주듯이 미국의 화학자들이 실제로 유럽 경쟁자들보다 앞서 나갈 수 있도록 기여했다.

1946년, 미국의 화학자들은 지금도 매년 열리는 연속반응 메커니즘 학회의 첫번째 회의를 개최하고 물리유기화학이라는 성장 분야에서 주도권을 장악하기 시작했다. 유럽에서 일어난 전쟁은 영국 박사후과정 연구원들이 독일에서의 후속 연구를 스스로 포기하게 만들었다. 이제 그들은 대신 미국으로 눈을 돌렸다.

화학자들의 전쟁

1914년에서 1918년에 걸친 제1차세계대전은 유럽의 화학자들이 방어와 공격에 관한 모든 연구에 관여한 최초의 전쟁이었다. 1914년 독일은 여전히 화학 연구와 화학물질 공급의 세계 선두주자였다. 결과적으로 영국이 그들을 따라잡으려면 해야 할 일이 산적해 있었다. 화학회는 순수화학과 응용화학 분야에서 정보가 귀중한 자원임을 증명한 도서관을 통해 나름의 역할을 수행했다.

화학회는 (다른 학문에서의 학회들도 마찬가지였다.) 독일 동료들의 명예 회원 자격을 박탈해야 하는지에 대한 논란으로 곤경에 빠졌다. 자격을 박탈하지 않기로 한 위원회의 결정은 언론에서 광범위한 비판과 논쟁을 불러일으켰다. 결국 1916년 위원회는 굴복했고 (가장 저명한 독일 화학자만 언급하자면) 베이어, 피셔, 네른스트, 그리고 오스트발트의 이름이 회원 명단에서 삭제되었다. 1929년에야 생존해 있던 네 사람의 이름이 재선임되었고, 새로 등장한 독일인과 오스트리아의 화학자들도 입회가 승인되었다. 이상하게도 독일 화학회는 이와 같은 조치에 상응한 대응을 보이지 않았다. 1915년(화학자 헨리 모즐리가 비극적인 죽음을 맞은 해), 자격을 갖춘 과학자들의 병역을 보류시킨 정부의 조치에도 불구하고, 약 83명의 영국 화학자들이 유럽의 전쟁터에서 목숨을 잃었다.

1914년에 발발한 전쟁은 독가스를 사용한 전투라는 이유로 세상에는 '화학자들의 전쟁'으로 알려져 있다. 사실, 화학전이 직접적 원인이 된 전쟁 사상자는 1퍼센트가 채 안 된다. 그럼에도 이 문구는 대영제국을 전시체제로 전환하는 데에 화학이 이용된 방식을 묘사하기 위해 1917년에 처음 사용되었다. 비슷한 경우로 1939년부터 1945년까지의 제2차세계대전은 원자폭탄 제조에 쏟은 노력을 이유로 '물리학자들의 전쟁'이라 불려왔다. 사실, 여기에도 화학자들은 우라늄 동위원소 분리와 중수 제조에 깊이 관여했다. 화학자들의 도움이 없었다면 폭탄도 없었을 것이다.

두 번의 세계대전에서 화학 산업은 재래식 고폭발물과 대포용 금속 제조의 생산 수준을 개선하고 증진시키려는 적극적 노력이 주를 이뤘다. 하버드대학교의 화학자 루이스 피저(Louis Fieser, 1899-1977)가 고안한 석유 비누(일명 네이팜)는 히로시마와 나가사키를 파괴한 핵무기들보다 더 많은 일본인을 죽였다. 한국전쟁(1950-53)과 장기간의 베트남전쟁(1955-75) 동안 이 물질이 사용되며 전쟁 폐해의 상징이 되었다. 그리고 대중 문명에 지속적인 영향을 끼친 화학에 반대하는 '화학 공포증'의 원인이 되었다.

20세기 전쟁은 모두 화학자들의 전쟁이었다. 해상 봉쇄와 육상 공급로 차단으로 연합국과 추축국 모두 부족한 물자를 공급하거나 대체재를 만들 새로운 방법을 찾는 데 힘을 써야 했다. 가장 잘 알려진 사례는 하버법(Haber process)의 규모를 키우는 것이었다. 폭발 무기 제조와 식량 생산에 도움이 되는 비료 제조 모두 질산이 필요했고 하버법은 질산을 만드는 데에 사용되는 '질소 고정' 공정이었다. 이 공정이 폭발 무기 생산에 적용된 것은 영국 해군이 칠레산 초석을 운반하는 독일 선박을 봉쇄한 것이 직접적 원인이었다.[24] 칠레산 초석은 당시까지 비료와 폭탄의 원료였다.

독일은 늦지 않게 하버법의 생산 규모를 확장할 수 있었지만, 영국의 화학자들은 그 방법을 알 길이 없었다. 그 대신 탄화칼슘 가루에 질소를 통과시켜 칼슘 시안아마이드(calcium cyanamide)를 제조함으로써 질소를 '고정'하는 독일의 구식 공정을 산업화했다. 암모니아는 증기에 노출된 시안아마이드로부터 생성되었다. 암모니아는 또한 도시가스 공장에서도 추출되었다. 이후 독일과 영국에서 추출한 암모니아 둘 다 빌헬름 오스트발트가 1902년에 특허낸 방법에 의해 질산으로 전환되었다. 당시에는 암모니아의 산화에 백금 촉매를 이용했다. 그런데 이런 산화반응 공정에 촉매로 사용하기에는 백금이 너무 비쌌다. 1914년부터 1918년까지 1차대전 당시 독일 화학자들은 저렴한 가격의 철과 비스무트 산화물 촉매제를 발견함으로써 1916년 이후에도 독일이 전쟁을 지속할 수 있게 했다.

탄약 제조라는 또다른 전선에서는 화학자들은 TNT와 아마톨 폭약, 그리고 고성능 폭탄용 리다이트뿐만 아니라 미사일 추진체에 사용되는 무연 코르다이트 등을 제조하기 위해 다양한 방향성 유기 화합물의 생산을 늘려야 했다. 대부분의 경우 화학자들은 하나의 문제가 다른 문제를 야기하는 애로를 겪어야 했다. 가령, 코르다이트는 면화약을 만들기 위한 셀룰로오스를 질산염으로 처리해 분말로 만들어졌다. 그런 다음 이것은 나이트로글리세린과 석유 젤리(바셀린)와 혼합되었다. 하지만 코르다이트를 적절하게 섞이게 만들기 위해서는 나이트로글리세린 젤리가 관 모양의 형태로 추출되기 전에 아세톤에 용해되어야 했다.

그러나 일반적으로 목재를 증류해 제조된 아세톤은 공급량이 부족했다. 아세톤의 생산 문제는 맨체스터대학교의 화학자 차임 바이츠만(Chaim Weizmann, 1874-1952)이 해결했다. 그는 양조 방식에 기반한 아세톤 발효 공정을 개발했다. 그후, 이를 감사하게 여긴 영국 정부는 바이츠만과 같은 시온주의자들이 팔레스타인에서 독립국가로 살 수 있게 인정하는 밸포어 협정에 서명했다. 바이츠만은 한 국가의 대통령이 된 몇 안 되는 화학자 중 한 명이었다.

독일 화학자들도 비슷한 문제에 직면했다. 면화 공급을 제한한 영국의 봉쇄로 헝겊과 목재 펄프를 이용하는 대안적 방법으로 면화약을 만들고 당을 발효시켜 글리세린을 제조할 수 밖에 없었다. 독일 양조화학자인 막스 델브뤼크(Max Delbrück, 1850-1919)는 효모가 동물 사료를 생산하는 데 사용될 수 있는 발효 과정을 고안해냈다. 이런 업적들은 1960년대 이후 산업적 중요성을 확보한 생명공학에 화학이 적용된 초기 징후들이었다.

화학자들은 또한 유리 제조의 개선에도 공헌했다. 고품질의 광학용 유리가 전쟁에서 측량 기구의 부품으로 필요했기 때문이다. 염료 분야는 19세기 말 독일(그리고 조금은 덜하지만 프랑스)에 뺏겼던 영국의 또다른 영역이었다. 결국 영국은 자체적으로 염료 물질을 만들 수밖에 없었다. 독일과 튀르키예에서도 이와 유사한 원재료 부족 사태를 경험했다. 극동지역에서 생산되는 천연고무를 직접 들여올 수 없었기 때문에 독일 화학자들은 대체제로 합성 고무를 연구했다. 이는 독일 화학자들에게 고분자 분야라는 새로운 연구 영역에서의 힘찬 출발을 선사했다. 고분자 분야는 다양하고 새로운 합성섬유를 생산했을 뿐만 아니라 생화학 시스템의 이해를 얻는 데에 있어서 장기적 가치가 있음을 증명했다.

전쟁이 가져온 화학 연구의 여세는 1918년에도 멈추지 않았고 1945년에도 멈추지 않았다. 화학전의 실행을 포함한 이런 모든 사례들은 존 아가(John Agar)가 언급한 것처럼 '조직화된 과학과 정비된 혁신'의 표출이었다. 화학전에 사용된 약품에 대한 독일의 연구가 전시가 아닌 평시에, 그것도 살충제 생산공정에서 추진되었다는 것은 거듭 아이러니하다. 이런 사례 중 하나는 프리츠 하버에 의해 만들어진 치클론B라고 명명된 화학물질로, 1940년대 강제수용소에서 유대인 학살에 독가스로 사용된 약품이었다.

여성 화학자

아마도 20세기 전쟁의 가장 중요한 결과는 정부, 군, 산업, 학계 사이에 구축된 강력한 연계일 것이다. 이러한 상황은 1920년대와 1930년대의 짧았던 평온한 시기를 거치며 지속되었고, 제2차세계대전과 뒤이어 1950년대와 1960년대의 냉전 기간 동안 더욱 확고하게 자리잡았다.

20세기 전쟁은 여성 화학자들에게 새로운 기회를 가져다 주었다. 여성들 대부분은 작업대 앞에 앉아서 반응들을 시험하고 주요 제품을 합성하는 데 필요한 기본적인 벤치 작업에 징집되었다. 1920년 화학회에 선출된 21명의 최초 여성 중 한 명인 마사 화이틀리(Martha Whiteley, 1866-1956)는 코카인의 파생 제품인 '베타-유카인' 국소 마취제를 연구 제조하는 런던 임페리얼 칼리지에서 여성 연구팀을 이끌기도 했다.

점점 더 많은 평범한 여성들이 화학 기업에 징집되어 폭발물 제조 공정에서 과중한 수작업을 감당했다. 전쟁의 여파에도 미국, 독일, 영국이 쌓아올린 거대한 화학 기업들은 운영을 멈추거나 파괴되지 않았다. 오히려 그들은 합병하며 거대하고 강력한 회사를 만들었다. 1925년 독일에서는 바스프(BASF), 바이엘(Bayer), 훽스트(Hoechst), 그리고 여러 기업들이 IG 파르벤이라는 화학 공업회사를 형성해 10만 명에 가까운 남녀 근로자를 고용했다. 미국에서는 듀폰(Du Pont)이 새로운 제조 영역으로 확장했으며, 영국에서는 1926년 당시 남아 있던 알칼리 및 염료 제조 회사들이 대부분 합병해 ICI(Imperial Chemical Industries)가 설립되었다.

이들 산업체들은 화학과를 졸업한 여성들에게 새로운 고용 기회를 제공했다. 그럼으로써 그들은 결혼해 가정을 꾸리면서도 과학 분야에서 경력을 쌓았다. 하지만 당시까지 인명사전에 남성 화학자 명단만 확인된 점으로 예상컨대, 여성들은 졸업 후 실험실에서 연구하는 동안 만난 남성 화학자들과 결혼한 후 연구 경력을 포기하는 경향이 있었을 것으로 짐작된다.

실험 기구의 혁명

20세기의 가장 '창의적인 공구 제작자'는 미국인 대장장이의 아들인 아놀드 벡맨(Arnold Beckman, 1900-2004)이었다. 그는 청소년 시절부터 현미경과 사진 기법이 어떻게 금속의 미세한 구조를 연구하는 데 사용되는지 관심을 가졌다. 그는 고등학교 재학중에 금속 기구를 만드는 회사를 설립했다.

캘리포니아공과대학교에서 일반 화학 교육을 받은 후, 그는 캘리포니아 지역 오렌지나무 산업의 생산성이 토양 산성도에 좌우된다는 사실에 충격을 받았다. 산성도의 로그 형태인 pH 척도는 덴마크의 생화학자인 쇠렌 쇠렌센(Søren Sørensen, 1868-1939)에 의해 1909년에 도입되었다(pH는 수소 이온 농도를 의미하며, 극산도는 0, 극염기성은 14로 정의한다). 벡맨이 pH 측정과 관련한 모든 것을 간단한 휴대용 측정기에 집약해 전자적으로 pH 농도를 계산하기 전까지 외부 현장에서의 pH 측정에는 정교한 용량 분석이 필요했다(그림 17 참조). 이 장치는 그가 학계를 떠나 회사를 설립한 1934년에 특허권을 얻었고, 그 회사는 벡맨 pH 측정기뿐만 아니라 당시 성장 산업이었던 식품 산업에서 활용되는 흡수 분광기를 제조했다.

벡맨은 시기적으로 1950년대 화학 실험이 기구의 혁명을 겪고 있던 유리한 지점에 있었다. 적외선 분광기의 출현은 19세기 말 정부 교육부 산하 기관에서 근무하던 영국군 장교 출신 2명이 적외선 스펙트럼과 유기 화합물의 작용기들 사이의 상관관계를 연구하면서 시작되었다. 1900년대 초에 미국의 물리학자 윌리엄 코블렌츠(William Coblentz)는 100개가 넘는 유기 분자의 스펙트럼에서 얻은 데이터를 발표했다.

17. pH 측정기인 벡맨의 G모델(1934). 이 정육면체 상자(대략 폭과 깊이, 그리고 높이가 30cm 정도)는 측정하고자 하는 온도에서 pH의 차이로 전압차를 직접 변환하기 위해 산-염기 반응 전극을 사용하는 전압계였다. 이 장치는 최초로 사용 가능한 휴대용 실험 기구 중 하나였다. 작동 메커니즘은 알려지지 않은 화학계 최초의 '블랙박스'인 셈이었다.

하지만 여러 이유로 인해 이런 분광학이 분자 구조 결정에 사용되지는 않았다. 분광학은 1930년대에 석유를 연구하던 화학자들이 석유 증류 과정에서 서로 다른 유분들(fractions)을 신속하게 확인하는 방법에 대한 요구에서 비로소 등장했다. 세계대전으로 인해 화학 산업의 주요 공급 원료를 석탄에서 석유로 전환하는 것이 장려되면서 적외선 분광기는 필수적인 분석 도구가 되었다. 이후 자외선·적외선 분광기, 핵자기 공명, 질량 분석기 도입으로 화합물은 스펙트럼선이나 파형으로 나타나는 추상적 전자기기 예술작품으로 변모했다.

1960년대와 1970년대의 과학계에는 많은 성과들이 있었다. 새로운 분석 기기들을 구매하고 운용하는 데 많은 비용이 드는 학술 연구는 더욱 기업과 정부의 재정 후원에 의존하게 되었다. 실험 결과의 자료에 대한 해석은 양자역학적 사고에 의존하게 되었고, 이러한 사고는 전통적인 습식 및 건식 분석 방법의 청산과 함께, 화학 교육 방식을 변화하게 만들었다. 가령, 프랑스의 경우 1978년에 원자구조 이론과 주기율표가 중등학교에 모습을 드러냈다.

중등학교와 대학에서 실험을 가르치는 방식이 수십 년 사이 새로운 형태로 바뀌었고, 물리화학, 전자구조, 양자화학에 훨씬 더 중점을 두는 방식으로 강의 계획이 재편되었다. 합성화학은 더이상 가능한 분자 구조를 증명하는 지루한 과정이 아니라, 점점 더 복잡한 화합물의 구조를 전략적으로 측정하고 심지어 처음부터 새로운 물질을 설계하는 논리적인 방법이 되었다. 반응 메커니즘에 대한 이해 역시 분자의 변화가 진행되는 동안 '불안정한' 중간물질이 수행하는 역할이 밝혀지면서 혁명을 맞았다.

마지막으로, 물리적 분석 기기는 생체 시스템의 생화학적 경로를 더 잘 이해하고 환경의 오염 정도를 밝힐 수 있는 가능성을 열어주었다. 특히 환경과 관련해, 화학자들이 만든 분석기들의 진수는 정부가 우리의 노동 세계에 만연한 위험한 물질을 법제화하고 감시하는 것을 가능하게 했다는 점이다.

화학의 또다른 천년

영국의 역사학자 존 아가는 20세기 과학사를 전쟁과 건강 등 인간의 일상생활에서 야기된 문제들의 측면에서 해석해왔다. 1950년대 이후 대학들은 개별 학문 분야의 교육과 증진에 전념했던 '상아탑'의 순수 학문 기관이기를 그만두었다. 지금 우리가 살아가는 시대인 '순수 학문 이후' 세계에서는 대학들이 실용 본위의 기관일 뿐만 아니라 다른 분야와 제휴하는 융합적인 교육기관이 되었다. 일반적인 기업과 사업처럼, 이제 대학들은 수익을 내야 하며 결과적으로 정치와 경제에 좌지우지되고 있다.

이런 일은 과학계에서 화학이 더욱 현저하게 중심적 역할을 했기 때문에 화학의 운명에 한해서는 그리 나쁜 일은 아니었다. 화학은 필수적인 과학이 되었다. 가령 일본 고분자 과학 분야의 역사학자 후라카와 야스(Yasu Furakawa)는 분자생물학을 가령 유기화학, 고분자화학, 생화학, 물리화학, 엑스선 결정학, 유전학, 세균학의 방법과 기술, 그리고 개념을 융합한 것이라고 설명했다. 현재 컴퓨터화된 인공 세상을 지배하는 합성 물질과 기술에 대해서도 마찬가지일 것이다.

에필로그

1960년대에 전자 기기가 분석 및 합성화학 분야에 도입된 일은 화학사에 대한 이 짧은 소개를 매듭짓기에 적절한 지점으로 보인다. 물론 지난 60년 동안 이 주제가 변화 없이 가만히 있었던 것만은 아니었다.

분명 부정적인 측면도 있었다. 20세기 화학자들의 전쟁은 이미 일반인들이 화학을 파괴적 과학으로 여기게끔 만들었다. 중공업이 남긴 오염의 흔적, 농경과 수의학에서 농약과 살충제의 광범위한 사용, 그리고 1984년 인도 중부 보팔 지역에서 발생한 화학공장의 엄청난 폭발과 같은 사실이 폭로되며 전반적인 화학 혐오가 양산되었고, 화학의 양면성에서 이런 부정적 인식은 더욱 악화되었다.

역사학자가 화학이 항상 위험과 연관되어 있고 폭발과 오염 사건이 재발해왔던 것처럼 표면적 문제에 대해 장기적 관점을 취할 수도 있겠지만, 새로운 분석 기법들과 위험 평가 법률도 의심할 여지 없이 개선 효과를 내오고 있었다. 제임스 러브록(James Lovelock)의 1950년대 소형 전자 포획 검출기와 같은 기구는 인류가 생성해낸 대기 오염의 정도를 밝혔고 그것이 자외선을 막아주는 대기 오존층에 끼치는 영향을 경고하였으며 이산화탄소 배출이 기후 변화를 야기한다는 것을 밝히는 데 주요한 역할을 했다.

보다 긍정적으로는, 컴퓨터가 실험실 연구 노트를 대체했고 (계산화학의 등장으로) 화학자들은 컴퓨터의 도움을 받아 화면에서 완벽한 3차원 분자 구조 모델을 연구하고 새로운 분자를 설계하기 시작했다. 이런 능력은 원치 않은 물질대사 과정을 억제할 수 있는 약물을 정교하게 제조하는 새로운 방법으로 이어졌다. 조합화학(combinatorial chemistry)은 1990년대에 제약회사들에 의해 개발되었다. 단일 성분이 아닌 여러 성분을 함께 반응시킴으로써 한 번의 반응으로 엄청난 수의 화합물과 그 중간 유도체가 생성되고 그 결과 약물로 사용 가능한 물질을 선별할 수 있는 일명, 화합물의 '도서관'이 만들어진 것이다. 제약사들은 수백만 파운드를 들여 이런 합성 과정을 자동화했으며 설계한 분자가 검출될 경우에만 개별 화합물의 제조를 확장했다.

미국의 화학자 코리(L. R. Corey)도 1990년대에 레트로 합성(retrosynthesis)이라고 불리는 합성 방법을 소개했다. 이 기법에서는 목표 물질의 구조를 결정하고 합성함에 있어 분자 구조가 잘 알려져 있는 간단한 분자나 개별적 합성이 달성된 더 단순한 전구물질로 해체하는 방법을 사용한다.[25] 이 지식은 목표 화합물의 구조적 합성을 계획하는 데 사용될 수 있다. 이러한 최신 합성 기술은 주로 제약 연구와 약물 설계에 사용되지만, 순수하게 지적 유희로 목표 물질 합성이 시도되고 달성되는 멋진 매력도 있다.

화학자들은 또한 특별하고 놀랍게 유용한 발견을 계속해 왔다. 예를 들어, 탄소는 흑연과 다이아몬드, 숯이라는 다양한 물질로 알려진 서로 다른 탄소 동소체 형태를 가질 수 있다는 사실이 1985년에 알려졌다. 60개의 탄소 원자가 축구공 모양을 이루어 만들어진 이 새로운 형태의 동소체 물질은 이와 유사한 모양의 측지선 돔을 고안한 미국인 건축가를 기리기 위해 발음하기 힘들게도 버크민스터풀러렌(Buckminsterfulleren)이라고 명명되었다. 풀러렌과 그 유도체들(나노튜브라고 부르는 실린더 모양도 있다)은 급속도로 많은 합성 연구의 대상이 되었다.

훨씬 더 굉장한 일은 2003년에 원자 한 층 두께의 2차원

흑연 형태가 만들어진 것이다. 이 구조는 탄소의 육각 고리 구조로 구성된 평평한 판을 형성하며, 탁월한 전기 전도성을 지녔다. 그래핀(graphene)이라는 이름의 이 물질은 새로운 초경량 건축 재료와 좀더 빠른 처리를 위한 반도체 제조에 급속도로 적용되고 있다. 화학자들은 유추를 통해 그래핀 모양을 닮은 2차원 동소체가 인(포스포린), 규소(실리콘), 저마늄(게르마닌), 비소(아르세닌)로도 형성될 수 있다는 사실을 알아냈다. 마치 한 세기 전의 동위원소처럼, 다양한 동소체의 존재 또는 생성이 화학자들이 원소를 통해 말하고자 하는 바가 무엇인지에 대한 철학적 질문을 제기했음은 말할 나위 없다.

이제는 원자나 분자 수준에서 물질의 변화를 원하는 대로 조작하는 것을 일컫는 나노테크놀러지라는 새로운 기술이 등장했다. 화학자들은 이러한 일을 분석과 합성을 통해 거시적 척도에서 이전부터 계속 수행해왔다. 이제는 규모에서 원자 단위인 나노 단위의 관찰 규모로 수행할 수 있게 된 것이다. 여기서 양자 효과가 중요해지며, 매우 가치 있는 광학적, 전기적, 구조적인 특성이 물질에 부여된다. 그 결과로 만들어진 '소재 혹은 재료 과학'은 상업, 산업 및 제약에 가치 있는 분자의 합성 및 구성에 집중하게 되었다.

이런 원자 물질세계에 대한 연구 활동에 화학자들뿐만 아니라 생화학자들, 물리학자들, 그리고 공학자들도 참여하고 있다. 학문 간 경계를 넘나드는 과학과 기술의 시대에, 몇몇 역사학자, 사회학자, 그리고 과학철학자는 화학, 물리학, 생물학과 같은 뚜렷한 과학 분야의 개념이 아직도 그 자체의 학문 목적에 부합하는지에 대한 의문을 제기해왔다. 이들 견해에 따르면 화학은 생화학, 생명공학, 나노기술, 재료과학으로 변모했다. 기술에 의해 주도되어, 화학은 일종의 서비스 과학으로 녹아들었다.

현재 중고등학교와 대학에서 과학을 가르치는 방식에 함의된 이러한 견해와 관련해 여전히 타당한 논쟁이 있지만, 실제로 화학자들은 화학을 물리와 생명과학을 뒷받침하는 중심 과학으로 여기기를 선호한다. 사실상 화학은 해체되기는커녕 다른 학문들을 장악하고 있기 때문이다. 1840년대 리비히가 그의 유명한 논문에 언급한 'Alles ist Chemie'라는 문장처럼, 모든 것이 화학이다.

감사의 말

20년도 더 전에 출간한, 긴 버전의 『화학의 역사』의 대부분은 1999년부터 2000년까지 필라델피아의 화학 유산 재단(CHF, Chemical Heritage Foundation)에서 에델슈타인 국제 연구원으로 지내는 동안 연구 및 저술되었다. 이후 화학사 해석에 상당한 발전이 일어났고, 이 책은 나에게 그중 일부를 통합할 수 있는 기회를 주었다.

이 주제에 대한 아주 짧은 소개를 쓰면서, 2014년 9월에 내가 훌륭한 연구 시설을 사용하고 멋진 오트머 도서관의 책들 사이에서 뒹굴 수 있도록 도안 펠로우십을 수여해준 CHF에 다시 한번 감사한다. 이때 미국에서 지내며 휴 로핑의 닥터 두리틀이 아이들의 동물원을 채울 때 직면했던 문제에 대해 숙

고했다. '무엇을 빼고 무엇을 넣어야 하는가?'(『닥터 두리틀의 동물원*Dr Dolittle's Zoo*』, 1925). CHF 도서관 직원들과 동료 장학생들, 특히 스테파노 가테이(루카)의 관심과 도움에 감사한다. 집필을 제안해준 장하석 교수(케임브리지)에게도 감사를 전한다. 언제나 그랬듯이, 아내 엘비나는 인내심을 갖고 관심을 기울이는 지지자가 되어주었다.

참고문헌

개요

Friedrich Kekulé, *Lehrbuch der organischen Chemie* (Erlangen: F. Enke, 1861), p. 1.

Robert Siegfried, *From Elements to Atoms. A History of Chemical Composition* (Philadelphia: American Philosophical Society, 2001), pp. 1–2.

1장

Robert P. Multhauf, *The Origins of Chemistry* (London: Oldbourne, 1966), p. 27.

The Journals of John Tyndall (typescript), Royal Institution of Great Britain, 6 February 1854.

2장

William R. Newman and Lawrence M. Principe, *Alchemy Tried in the Fire* (Chicago: Chicago University Press, 2002), p. 180.

3장

Antoine Lavoisier, Memorandum of 20 February 1773, quoted in Henry Guerlac, *Lavoisier: The Crucial Year* (Ithaca, NY: Cornell University Press, 1961), p. 229.

Antoine Lavoisier, 'Mémoire sur la nature du principe qui se combine avec les métaux pendant leur calcinations', *Oeuvres de Lavoisier,* 6 vols

(Paris: Imprimerie Impériale, 1862–93), vol. 2, p. 123.

Henry Cavendish, 'Experiments on air', *Philosophical Transactions of Royal Society*, 74 (1784), 119–53, at p. 129.

Sacha Tomic, *Comment la chimie a transformé le monde* (Paris, 2013), p. 64 (my translation).

4장

August Laurent, *Chemical Method* (London: Cavendish Society, 1855), p. 203.

Alexander Williamson, 'Theory of etherification', *Quarterly Journal Chemical Society*, 4 (1852), 229–39, at p. 239.

Edward Frankland, *Sketches from the Life of Edward Frankland* (London, 1902), p. 187.

Friedrich Kekulé, 'Ueber die Constitution des Mesitylens', *Zeitschrift für Chemie*, 10 (1867), 214–18, reprinted in Richard Anschütz, *August Kekulé*, 2 vols (Berlin, 1929), vol. 2, pp. 5–30.

5장

Staffan Bergwik, 'An assemblage of science and home: the gendered lifestyle of Svante Arrhenius', *Isis*, 105 (2014), 265–91, at p. 281.

6장

Justus Liebig and Friedrich Wöhler, 'Untersuchungen über die Natur der Harnsäure', *Annalen der Pharmacie*, 26 (1838), 241–340, at pp. 314–15.

독서안내

영문으로 된 주요 참고 저서로는 James R. Partington의 *A History of Chemistry*, 4 vols (Macmillan: London, 1965-70)가 있다. 하지만 조금 더 쉽게 볼 수 있는 저서로는 Aaron J. Ihde의 *The Development of Modern Chemistry* (New York: Harper & Row, 1964)를 추천한다. 최근 내가 화학사를 보다 분석적으로 다룬 책인 *The Fontana History of Chemistry* (London: HarperCollins, 1992)가 있다. 이 책은 미국에서 *The Norton History of Chemistry* (New York: Norton, 1993)라는 제목으로 출간됐고 이후 *The Chemical Tree* (New York: Norton, 2000)라는 제목으로 재발행되었다. John Hudson의 *The History of Chemistry* (Basingstoke: Macmillan, 1992)는 현재 현역 화학자들의 학습을 목적으로 만들어진 책이다. 한편 David M. Knight의 *Ideas in Chemistry*도 참고할 만하다. 그 외에도 화학 전공자들이 참고할 만한 도서는 Bernadette Bensaude-Vincent와 Isabelle Stengers가 지은 *A History of the Science* (London: Athlone Press, 1992)가 있고 Trevor H. Levere가 지은 *A History of Chemistry* (Cambridge, MA: Harvard University Press, 1996)는 이미 1993년에 프랑스에서 불어로 출간되었다. 그리고 내용을 바꿔 *A History of Chemistry from Alchemy to the Buckyball* (Baltimore, MD: Johns Hopkins University Press, 2001)로 출간됐다. Peter J. T. Morris의 *The Matter Factory: A History of the Chemistry*

Laboratory (London: Reaktion Books, 2015)라는 저서를 추천한다. 화학적 기법들에 대한 출처는 (사실 내가 이 부분은 문외한이라) Charles Singer, Eric J. Holmyard와 A. Rupert Hall의 *History of Technology* (Oxford: Clarendon Press, 1954-84) 출판본의 8권에서 유용하게 참고했다. 이 주제에 대해서 두 개의 국제 저널이 있는데, 이들은 미국 화학회의 화학사 분과에서 1937년 이후 출간한 *Ambix: The Journal of the Society for the History of Alchemy and Chemistry*와 1988년 이후 출간한 *The Bulletin of the History of Chemistry*라는 학술지이다.

1장

1장에서는 James R. Partington이 지은 *Origins and Development of Applied Chemistry* (Longmans, 1935)가 유일한 참고 도서이다. 그 외 보다 읽기 쉬운 책으로는 Robert P. Multhauf의 *The Origins of Chemistry* (London: Oldbourne, 1966)와 Ronald F. Tylecote가 지은 *History of Metallurgy*, 2nd ed. (London: Institute of Materials, 1992)가 있다. 그리고 William Eamon의 *Science and the Secrets of Nature: Books of Secrets in Medieval and Early Modern Culture* (Princeton, NJ: Princeton University Press, 1994)가 있으며 Philip Ball의 *Bright Earth: Art and the Invention of Colour* (Harmondsworth: Penguin Books, 2001; Chicago: University of Chicago Press, 2003)가 있다. William R. Newman의 *Promethian Ambitions: Alchemy and the Quest to Perfect Nature*

(Chicago: University of Chicago Press, 2004)가 있고 같은 저자의 *Atoms and Alchemy* (Chicago: Chicago University Press, 2006)가 있다. Joseph B. Lambert가 2005년 작성한 회보 *Bulletin History of Chemistry* 30호 no. 1의 1~9쪽에 걸쳐 기술된 'The deep history of chemistry'도 읽어볼 만하다. Marco Beretta의 *The Alchemy of Glass: Counterfeit, Imitation, and Transmutation* (Sagamore Beach, MA: Science History Publishing, 2009)도 추천한다. 그리고 L. M. Principe의 *The Secrets of Alchemy* (Chicago: University of Chicago Press, 2013)도 있다. 연금술 실험에 대한 설명과 방법들을 제시한 재미있는 책으로 Cathy Cobb, Monty L. Fetterolf, 그리고 Harold Goldwhite가 지은 *The Chemistry of Alchemy* (Amherst, NY: Prometheus Books, 2014)를 읽어보기 바란다.

2장

Allen G. Debus가 지은 *The English Paracelsians* (London: Oldbourne, 1965), Robert P. Multhauf의 *The Origins of Chemistry* (London: Oldbourne, 1966), Frederic L. Holmes의 *Eighteenth-Century Chemistry as an Investigative Enterprise* (Berkeley, CA: University of California Press, 1989), Antonio Clericuzio의 *Elements, Principles and Corpuscles: A Study of Atomism and Chemistry in the Seventeenth Century* (Dordrecht: Kluwer, 2000) 그리고 Philip Ball의 *The Devil's Doctor: Paracelsus and the World of Renaissance Magic and Science* (London: Heinemann, 2006)

를 추천한다. 그외에도 William R. Newman의 *Atoms and Alchemy: Chymistry and the Experimental Origins of the Scientific Revolution* (Chicago: Chicago University Press, 2006)이 있다. Charles Webster의 *Paracelsus: Medicine, Magic and Mission at the End of Time* (New Haven, CT: Yale University Press, 2008)과 Victo D. Boantza가 지은 *Matter and Method in the Long Chemical Revolution* (Farnham: Ashgate, 2013)도 훌륭한 안내서다.

3장

Archie와 Nan Clow의 *The Chemical Revolution* (1952)을 읽어보기 바란다. 그 외에 Frank Greenaway의 *John Dalton and the Atom* (London: Heinemann, 1966), Donald S. L. Cardwell의 *John Dalton and the Progress of Science* (Manchester: Manchester University Press, 1968), Elisabeth Patterson의 *John Dalton and the Atomic Theory* (New York: Doubleday, 1970), Arnold Thackray의 *John Dalton: Critical Assessments of his Life and Science* (Cambridge, MA: Harvard University Press, 1972)도 참고 바란다. 내 저서인 *Fontana History of Chemistry* (1992)의 4장과 Arthur Donovan의 *Antoine Lavoisier Science, Administration and Revolution* (Cambridge: Cambridge University Press, 1993)을 읽어보기 바란다. 화학 명명법의 발전사를 보려면 Mario Beretta의 *The Enlightenment of Matter* (1993)를 참고하는 것이 좋다. Maurice P.

Crosland의 *In the Shadow of Lavoisier: The Annales de Chimie and the Establishment of a New Science* (Faringdon: British Society for the History of Science, 1994), Robert E. Schofield의 *The Enlightenment of Joseph Priestley* (University Park, PA: Pennsylvania State University Press, 1997) 그리고 이 책의 후속편인 *The Enlightened Joseph Priestley* (University Park, PA: Pennsylvania State University Press, 2004)도 있다. Robert Siegfried의 *From Elements to Atoms: A History of Chemical Composition* (Philadelphia, PA: American Philosophical Society, 2002), Jonathan Simon의 *Chemistry, Pharmacy and Revolution in France, 1777-1809* (Aldershot: Ashgate, 2005), Victor D. Boantza의 *Matter and Method in the Long Chemical Revolution* (Farnham: Ashgate, 2013)을 추천한다.

4장

O. Theodor Benfey의 *From Vital Force to Structural Formulas* (Boston: Houghton Mifflin, 1964), Colin A. Russell의 *The History of Valency* (Leicester: University of Leicester Press, 1971), Alan J. Rocke의 *The Quiet Revolution: Hermann Kolbe and the Science of Organic Chemistry* (Berkeley, CA: University of California Press, 1993)를 추천한다. 그 외로 Colin A. Russell의 Edward Frankland: *Chemistry, Controversy and Conspiracy in Victorian England* (Cambridge: Cambridge University

Press, 1996), 그리고 나의 저서인 *Justus von Liebig: The Chemical Gatekeeper* (Cambridge: Cambridge University Press, 1997)가 있다. Alan J. Rocke의 *Nationalizing Science: Adolphe Wurtz and the Battle for French Chemistry* (Cambridge, MA: MIT Press, 2001)도 추천하고 싶다. 그리고 불어를 읽는 독자들을 위해 Sacha Tomic의 *La pratique de l'analyse chimique et l'émergence de la chimie organique: une enterprise pluridiscipline (1790-1835)* (Rennes: Le Square, 2013)를 추천한다.

5장

M. M. Patterson Muir의 *A History of Chemical Theories and Laws* (New York: J. Wiley, 1907; reprint New York: Arno Press, 1975), J. W. van Spronsen의 *The Periodic System of Chemical Elements* (Amsterdam: Elsevier, 1969)를 읽어보기 바란다. C. A. Russell 등 여러 명이 저술한 *Chemistry as a Profession* (Milton Keynes: Open University, 1977), John Servos의 *Physical Chemistry from Ostwald to Pauling: The Making of a Science in America* (Princeton, NJ: Princeton University Press, 1990)이 있다. 나의 저서로는 *The Fontana History of Chemistry* (London: HarperCollins, 1992)의 10장을 읽어보면 도움이 될 것이다. Mary Jo Nye의 *From Chemical Philosophy to Theoretical Chemistry* (Berkeley, CA: University of California Press, 1993), Keith Laidler의 *The World of Physical Chemistry* (Oxford: Oxford University Press, 1995), Eric Scerrie

의 *The Periodic Table: Its Story and its Significance* (Oxford: Oxford University Press, 2007)를 추천한다. Peter Atkins의 *Physical Chemistry: A Very Short Introduction* (Oxford: Oxford University Press, 2014) 역시 추천한다.

6장

Lutz F. Haber의 *The Chemical Industry 1900-1930* (Oxford: Clarendon Press, 1971)를 참고하기 바란다. 그 외에 Anthony S. Travis의 *The Rainbow Makers: The Origins of the Synthetic Dyestuffs Industry in Western Europe* (Bethlehem, PA: Lehigh University Press, 1993), *Annals of Science* 50호(1993)에서 Roy MacLeod의 'Chemists go to war'라는 소제목 p. 455-481을 참고해도 좋다. Roald Hoffmann의 *The Same and Not the Same* (New York: Columbia University Press, 1995), Yasu Furukawa의 *Inventing Polymer Science* (Philadelphia, PA: University of Pennsylvania Press, 1998), 편집자인 Peter Morris의 *From Classical to Modern Chemistry: The Instrumental Revolution* (Cambridge: Royal Society of Chemistry, 2002), Marelene과 Geoff Rayner-Canham이 공동 저작한 *Chemistry was their Life: Pioneer British Women Chemists 1880-1949* (London: Imperial College Press, 2008), John Agar의 *Science in the Twentieth Century and Beyond* (Cambridge: Cambridge University Press, 2012), *Chemistry World* 11호(August 2014)에서 Michael

Sutton의 'Chemists at war'편 44-7을 참고해도 좋다. 그리고 Mark Miodownik의 *Stuff Matters: The Strange Stories of the Marvellous Materials that Shape our Man-made World* (London: Viking, 2014), Catherine Jackson의 *Historical Studies in Natural Science* 44호(2014)에 실린 'Synthetical experiments and alkaloid analogues: Liebig, Hofmann, and the origins of organic synthesis' 319-63을 참고하기를 바란다. 비록 과학기술적 지식을 요구하는 논문이기는 하지만, 양자화학의 역사를 이해하는 정도라면 Kostas Gavroglu와 Ana Simõs가 지은 *Neither Physics nor Chemistry* (Cambridge, MA: MIT Press, 2012)를 참고해도 충분해 보인다.

주

1 Académie des Sciences. 프랑스 과학 아카데미. 수학 및 자연과학 등을 연구하는 프랑스의 종합 연구기관.

2 혼돈을 의미하는 카오스(Chaos)의 플랑드르 단어 발음을 따와 창안한 것으로 보인다.

3 최근 논문에는 100파운드 묘목이 164파운드로 성장한 것으로 되어 있다. 사실 흙은 아주 미미하게 0.13파운드 줄기는 했다. 1파운드(lb)는 약 0.4536kg이다.

4 파라켈수스주의자를 말하는데, 특히 질병을 위한 약을 발견하려 시도한 연금술사를 칭한다.

5 煆燒. 어떤 물질을 가열하여 그 휘발성분의 일부 또는 전부를 제거하는 조작.

6 Proteus. 그리스신화에 나오는 '바다의 노인'이라고 불리며 뛰어난 예언능력을 가진 해신 중 한 명이다. 찾아오는 이들을 피하려 여러 모습으로 변신하는 능력을 지녔다.

7 화학 평형의 법칙.

8 앞서 산소 원자량을 8이라고 정했기 때문이다.

9 물이 HO라고 했기 때문이다.

10 현대 화학에서 라디칼은 공통적인 원소 집단보다는 반응성이 높은 홑전자 물질을 뜻한다.

11 이 치환 현상은 유기물 분자의 양전하를 가진 탄화수소 부분에서 일어난다고 해석한 베르셀리우스의 전기화학적 이원론에 위배되는 결과였다. 양전하의 수소가 또다른 양전하 원자 혹은 원자단으로 바뀌면서 치환 결합되는 것은 문

제될 것이 없지만, 반대 전하를 가지는 이원론적 원자인 염소와 교체되는 것은 설명이 되지 않았다.

12 로랑은 유기 화합물을 기본 라디칼(fundamental radical)과 유도 라디칼(derivative radical)의 복합체로 보았다. 치환에 의해 변하지 않는 기본 라디칼과 달리 유도 라디칼은 할로겐 등에 의해 치환이 일어나는 부분이다. 치환 반응이 일어나도 물질의 성질이 유사하게 유지되는 것은 유도 라디칼만 치환되었기 때문이라 생각했다. 게르하르트는 이 영향을 받았다.

13 무수물은 화합물에서 물분자가 빠져나간 형태의 화합물이다.

14 호프만도 여러 가지 아민을 합성하여 암모니아에 있던 수소가 유기 라디칼로 치환된 것이라고 밝혔으며 게르하르트는 이를 바탕으로 암모니아의 수소를 알킬로 치환한 알킬아민을 암모니아형으로 분류했다.

15 뷔르츠가 주저하는 통에 프랑스 과학 아카데미 학회지인 〈콩테 랑뒤〉에 게재가 지연되었다.

16 물론 이 개념은 후일 양자화학 이론으로 풀린다.

17 立體障害, steric hindrance. 분자 내에서 서로 접근해서 존재하는 원자 또는 원자단 사이의 교환 반발력 때문에 정상인 원자가의 방향성이 비뚤어지거나 결합 주위의 자유 회전이나 공명 현상이 방해받는 것을 말한다.

18 어떤 물질 1g의 온도를 1℃만큼 올리는 데 필요한 열량.

19 물질이 온도·압력의 변화를 보이지 않고 평형을 유지하면서 한 상에서 다른 상으로 전이할 때 흡수 또는 발생하는 열.

20 에너지의 흐름을 설명할 때 이용되는 상태함수(state function)이다. 에너지 전환 과정에서 쓸모없어지는 무언가를 발견하고 정의한 것이며, 일반인들에게는 주로 무질서도(randomness 또는 disorder)라고 알려져 있다.

21 원소나 화합물 1몰의 질량을 그램 단위로 표시한 수.

22 나프틸아민과 같다. 단, 나프탈리딘은 옛 문헌에 보이는 명칭으로, 현재는 전

혀 사용되고 있지 않다.

23 원자의 질량이 수소 질량의 정수 배.

24 영국군도 독일 잠수함에 의해 해상 무역이 봉쇄되어 칠레 초석을 들여오기 쉽지 않았다.

25 전구물질을 만드는 다른 전구물질로 계속 추적하다보면 결국 출발 물질에 이르는 사고 과정을 의미한다.

역자 후기

이 책은 역사서이다. 무릇 역사란 시작점을 알아야 한다. 화학의 시작은 어디일까. 대부분 그 시작의 증거는 문헌이나 유물로 남아 있다. 특히 과학의 경우는 유물이 아니어도 자연에 흔적을 남긴다. 수백만 년 전 빙하나 지각의 어딘가에 당시 대기와 물질이 갇혀 있는 것처럼 증거는 널려 있다. 역사의 종착지를 현재로 생각하는 경우가 일반적이나, 나는 그 끝을 미래에 두고 싶다. 역사서는 과거의 기록만으로 그치면 안 된다. 시작부터 현재까지의 역사는 미래를 들여다보는 창이기 때문이다. 역사가 사마천도 비슷한 말을 했다. 술왕사(述往事), 지래자(知來者). '지난 일을 기술하여 다가올 일을 안다'는 의미다. 역사는 현재를 비추는 거울이고, 미래의 길을 제시하는 나

침반이다. 미래 예견력에 대한 통찰을 얻으려면 과거를 제대로 들여다봐야 한다. 교훈과 배움이 있어야 한다. 특히 과학에서의 미래에 대한 통찰은 더욱 필요한 시기이다. 왜냐하면 현재의 모든 담론은 과학을 제외하고 풀어낼 수가 없기 때문이다.

나는 우연한 기회로 영국 화학자이자 과학사 학자인 윌리엄 호드슨 브록(William H. Brock, 1936-)의 저서, 『화학의 역사 *The History of Chemistry*』를 접하게 되었다. 그런데 제목 아래에 '아주 짧은 소개(A Very Short Introduction)'라는 부제가 있었다. 사실, 당시 나는 물질에 대한 저서를 집필중이었고 화학적 결합에 관한 원서들을 아마존에서 살피다 이 역사서를 보게 되었다. 책은 영국 옥스퍼드대학교에서 출판했고 작은 판형에 페이지도 얼마 되지 않았다. 130여 페이지에 방대한 화학의 역사를 어떻게 욱여넣었을까 싶은 호기심이 들었다. 물론 국내 번역본의 존재를 살폈으나 불행하게도 찾지 못했다. 늘 느끼는 것이지만 유독 화학 분야에 양질 원서의 번역서가 귀하다. 구매를 한 사실을 잊을 때 즈음 책이 손에 들어왔다. 책은 얇았지만, 글밥은 꽤 있었다. 참고서나 안내서 정도로 추측한 나의 생각은 오만이었다. 해야 할 일이 쌓였음에도 손에서 놓을 수 없었다.

책을 읽는 내내 영국의 옥스퍼드대학교에서 강의를 듣고

있는 듯한 착각이 들었다. 교단에는 거대한 흑색 칠판이 있고, 전체적으로 나무로 만들어져 낡고 고풍스러운 분위기였다. 나는 계단식 강의실 구석에 앉아 차분하게 옛이야기를 들려주는 저자를 상상했다. 어느 볕이 잘 드는 날 사각형 창을 통해 들어온 볕은 강의실에 떠다니는 먼지를 별처럼 반짝거리게 했고, 시간이 지남에 따라 사각형은 점점 이동하며 다른 다각형들을 만들어냈다. 마지막 강의가 끝날 무렵 그 볕은 교수에게 머물렀다. 연세가 지긋한 노교수는 낮고 힘겨운 목소리로 한마디를 꺼냈다. 하지만 그의 억양은 전혀 약하거나 비굴하지 않은 당당함이 있었다. 다소 단단한 영국식 억양과 거친 독일 억양이 섞여 마치 한 학기 종강을 알리듯 강의실 전체가 공명했다. 독일 화학자 리비히의 말을 대신 인용해 그가 전한 말은 'Alles ist Chemie'였다.

나는 긴 꿈을 꾼 것 같은 느낌이 들었다. 이 짧은 소개에 화학사에서 일어난 모든 일을 다루는 것은 불가능하다. 우선, 나는 화학사 출발을 프로메테우스의 불처럼 인류가 불을 다루기 시작한 시점으로 본다. 그 또한 역사의 시작을 연소(combution)에 두었다. 사실 더 욕심을 내자면 화학의 시작은 수소와 헬륨이라는 원자가 생겨나던 시기부터라고 해도 과언이 아니다. 별이 만들어지고 철을 비롯한 드문 원소들까지 만들어지다가 폭발과 함께, 혹은 중성자별이 되어 충돌 후 모든 원소가 만들어졌고 그것들이 지금의 바둑판을 닮은 계단식 주기율표에 차곡차곡 쌓여 있으니 화학의 시작을 거기에 둬도 된다. 하지만 나는 조금 더 겸허한 지점으로 옮겨놓고 싶다. 과학의 모든 분야가 그 이전부터 출발한 셈이니 굳이 그 암흑 시기(빅뱅 후 급팽창 전)에 들어가 경쟁할 필요가 없다고 생각했다. 그렇게 하지 않아도 화학에는 혁명과도 같은 사건이 많았고 그 사건을 일으킨 중심에 인물이 많다. 저자는 그들의 이야기를 차분하게 들려줬다. 물론 역사적 사건과 인물을 중심으로 다뤘지만, 가령 '뱅마리'라는 중탕기처럼 기구물조차도 하찮게 다루지 않았다. 특히 연금술에 대한 올바른 이해를 도왔다. 그리고 서구 사회가 마치 존재하지 않았던 것처럼 그토록 혐오한 또다른 세계(이슬람)에 대해서도 공정한 시선을 놓지 않았다. 자칫 지류에 빠져 소용돌이에 묶이는 오류를 범하지 않으면서도 큰 흐름의 줄기를 절대 놓치지 않았다. 그리고 지나친 미화에 빠져 스스로 위대함을 강조하는 오만도 없었다. 오히려 잘못 알려진 혹은 과장된 부분에 대해 냉정함과 반성을 잃지 않았다. 다른 학문을 폄하하지 않으며 누구나 알고 있듯이 모든 학문적 결과는 혼자서 이룰 수 없다는 진실을 문장에 함의했다. 짧은 소개지만 전혀 얕지 않은 깊이와 넓은 통찰을 볼 수 있었다. 책을 덮고 나면 자연의 비밀을 알아버린 듯한 느낌을 가질 것이다. 그리고 우리가 무엇을 해야 할지 알 수 있을 것이다.

1995년부터 옥스퍼드대학교에서 시작된 이 시리즈는 많은 분야를 다루며 450권 이상 저작되었고 40여 개의 다른 언어로 번역되고 있었다. 다만 우리는 '첫단추'라는 이름으로 다양한 주제에서 시리즈의 일부를 만날 수 있다. 이 책이 번역되어 국내 독자가 쉽게 다가갈 수 있게 만든 것도 과학의 세렌디피티 같은 일이었다. 눈밝은 어느 출판사가 척박한 시절에도 불구하고 옥스퍼드 VSI 시리즈를 한 권씩 옮기고 있었다. 케빈 베이컨의 6단계 법칙(Small World Theory)은 우리나라에서는 훨씬 간소했다. 첫단추 시리즈 발행인과는 한 사람만 거치면 인연이 닿았다. 첫단추 시리즈에 화학사는 없었고 미천한 실력임에도 원서를 먼저 읽었다는 이유로 역자를 맡게 되었다. 나의 목적은 단 한 가지였다. 케플레가 탄소의 춤추는 사슬과 벤젠 고리를 상상하였듯이 우리나라 독자들에게 옥스퍼드대학교에서 그의 화학사 강의를 듣게 연결하는 것이었다. 왜 '모든 것이 화학'인지 알려주고 싶었다.

이 책을 읽고 커다란 맥이 잡히면 미처 언급되지 못한 부분이나 조금 더 심화된 부분이 궁금할 것이다. 출판사가 역자에게 추천도서를 요청했다. 과학책은 고전 문학과는 다르다. 과거사에 대한 연구는 지속되고 재해석되기도 한다. 기술이 발전하며 새로운 사실이 드러나기도 한다. 이 책에서도 재해석된 여러 인물과 사실을 만날 수 있었을 것이다. 그래서 결론은 과학책은 가장 최근에 나온 책이 제일 좋은 도서이다. 독자에게 조금 더 편의를 제공하기 위해 역자가 꼽은 화학사와 관련한 저서 몇 권을 참고로 소개한다. 첫단추 시리즈만큼 가볍지는 않지만 묵직한 책들이다.

1. 장홍제, 『화학 연대기』

(EBS BOOKS, 572쪽)

광운대 화학과 장홍제 교수가 〈EBS CLASS ⓔ〉에 출연해 화학사에 대한 강의 후 첨삭을 통해 책으로 엮은 것이다. 내용이 풍성함은 물론 장홍제 교수의 꼼꼼함이 여기저기 묻어 있다. 고증할 수 있는 사실들은 가장 최신 논문을 통해 증거로 삼았으며, 나 또한 번역에서 이 책의 도움을 많이 받았다. 첫단추 『화학의 역사』를 읽은 독자는 반드시 접해야 할 첫 책이다.

2. 옌스 죈트겐, 『교양인을 위한 화학사 강의』

(송소민·강영옥 옮김, 반니, 416쪽)

빌 브라이슨처럼 유머와 재치 넘치는 표현으로 일반인이 이해하기 쉬운 과학과 철학책을 집필하는 작가이다. 역사적 흐름을 찾을 수는 없어 화학사 전반에 대한 통찰을 얻기는 힘들지만, 사건과 일화를 중심으로 부분적 화학사를 쉽게 알 수 있다.

3. 와쿠이 사다미, 『물리·화학 사전』

(조민정 옮김, 그린북, 336쪽)

과학의 언어는 수학이다. 물론 첫단추에는 방정식이 아주 드물게 나온다. 행여 모른다고 해도 책의 전반을 이해하는 데 지장이 없다. 하지만, 법칙·원리·공식을 이해하는 것은 이공계와 인문계를 불문하고 매우 중요하다. 다시 강조하지만 과학의 언어를 모르고 과학을 이해하기란 불가능하기 때문이다. 곁에 두고 보면 좋을 책이다.

4. 프랭크 A. 폰 히펠, 『화려한 화학의 시대』

(이덕환 옮김, 까치, 423쪽)

1586년 수많은 목숨을 앗아간 아일랜드의 감자 대기근에서부터 기적의 제품이라는 찬사를 받으며 광범위하게 대량으로 사용된 DDT까지 소개한다. 그리고 그것의 위험성을 경고한 레이첼 카슨의 『침묵의 봄』까지의 기간인 약 400년 간을 집중적으로 조망한 유일한 책이다.

5. 김병민, 『거의 모든 물질의 화학』

(현암사, 568쪽)

역자의 책이라 고민스러웠지만, 물질을 중심으로 역사를 넘나들며 벌어진 화학물질의 정체를 알 수 있는 책이며, 현재의 고민과 미래에 나아갈 방향을 짚어줄 수 있는 책이기에 과감하게 추천한다.

6. 피터 앳킨스, 『화학이란 무엇인가』

(전병옥 옮김, 사이언스북스, 192쪽)

첫단추 시리즈의 원서 『화학』을 저술한 피터 앳킨스의 또다른 판형으로 내용은 거의 동일하다. 역사를 다루지는 않지만, 무기 및 유기화 화학의 전반에 대해 다룬다. 첫단추 시리즈는 간혹 기본적인 지식을 전제하고 쓰인 문장이 있기에 화학적 지식이 부족하다면 강력하게 추천한다.

7. 필립 볼, 『화학의 시대』

(고원용 옮김, 사이언스북스, 532쪽)

1994년에 저술된 책임에도 불구하고, 상당히 깊이 있게 화학을 다룬다. 10가지 화학과 관련한 물질 분야를 상세히 소개한다. 10개 분야의 물질 과정을 이해하려면 어느 정도의 화학적 지식이 필요하다. 하지만, 저자는 아주 쉬운 기초부터 차근차근 요점을 정리해준다.

8. 오진곤, 『화학의 발자취를 찾아서』

(전파과학사, 298쪽)

전북대 화학과 교수인 저자의 화학사 강의를 바탕으로 저술되었다. 시대적 흐름도 엿볼 수 있지만 주로 화학자들의 생애와 연구 활동의 이모저모를 담았다. 화학자가 활동한 그 당시의 사회적 배경과 과학의 제도적 측면을 엿볼 수 있다. 화학자들이 연구 목표를 달성하는 데 필요했던 연구 방법, 즉 관찰, 자료수집, 정리, 실험, 추리의 방법 등을 가능한 한 많이 기술하려고 노력했다.

9. 김병민, 『주기율표를 읽는 시간』

(동아시아, 340쪽)

화학 저서를 읽어나가는 데 있어 사전과 같은 책이다. 우리가 원서를 읽을 때 사전이 필요한 것과 같은 이치이다. 원소는 언어의 알파벳과 같다. 물론 이 책은 주기율표를 읽어내는 방법에 대한 설명이 절반이지만, 백과사전처럼 118개 원소를 사진과 함께 따로 정리해놓은 것이 특징이다.

도판 목록

화학의 역사

THE HISTORY OF CHEMISTRY

초판 1쇄 발행 2023년 3월 23일
초판 2쇄 발행 2024년 11월 1일

지은이 윌리엄 H. 브록
옮긴이 김병민

편집 이고호 황도옥 이희연
디자인 강혜림
저작권 박지영 형소진 최은진 오서영
마케팅 김선진 김다정
브랜딩 함유지 함근아 박민재 김희숙 이송이 박다솔 조다현 정승민 배진성
제작 강신은 김동욱 이순호
제작처 한영문화사(인쇄) 한영제책사(제본)

펴낸곳 (주)교유당 펴낸이 신정민
출판등록 2019년 5월 24일 제406-2019-000052호
주소 10881 경기도 파주시 회동길 210
전자우편 gyoyudang@munhak.com
문의전화 031) 955-8891(마케팅)
031) 955-2680(편집)
031) 955-8855(팩스)

페이스북 @gyoyubooks
트위터 @gyoyu_books 인스타그램 @gyoyu_books

ISBN 979-11-92968-02-5 03430